岩　波　現　代　文　庫

ご冗談でしょう、ファインマンさん

上

R. P. ファインマン
R. P. Feynman

大貫昌子〔訳〕
Masako Onuki

社会 5

岩波書店

"SURELY YOU'RE JOKING, MR. FEYNMAN!"
Adventures of a Curios Character
by Richard P. Feynman

First published 1985 by
W.W. Norton & Company, New York.

First Japanese edition published 1986,
this newly revised edition published 2025

by Iwanami Shoten, Publishers, Tokyo
by arrangement with W. W. Norton & Company, New York
through Japan UNI Agency, Inc., Tokyo.

まえがき

この本の中の数々の話は、過去七年にわたってリチャード・ファインマンと楽しくドラムをたたきながら、気のおもむくままに集めたものである。どれ一つをとってみても、それぞれが実に面白い話なのだが、こうしてこれだけ集めてみるとその豊富さにはつくづく驚くほかはない。ただ一人の人間が、一生の間によくもこれだけ傑作で、しかもとほうもない事件に出くわしたものだ。まったく信じられないくらいである。また一人の人間がこれほどたくさんの悪気のないいたずらを思いつくことができたということも、読者にとってたいへんな刺激となるに違いない。

ラルフ・レイトン

はじめに

僕はこの本がリチャード・ファインマンのただ一つの回想録になってしまわねばよいがと思っている。ここに集められた思い出の数々は、謎といえば是が非でも解かずにはいられない、ほとんどどうにもならない執念、人をあっと言わせるような茶目っ気、見せかけや偽善に対する憤慨、彼の先を越そうとする者を逆にまんまと抜き返す才能など、まさに彼の面目躍如たるものがある。法外でしかもショッキングだが、それでいて非常に暖かく人間味のあるこの本は、実にすばらしい読みものである。

しかしながらこの本は、彼の生活の根底をなす科学――物理学――については、ほんの少し触れるにとどまっている。あちこちに話の背景としては垣間見られても、何十年にもわたる彼の弟子や同僚たちが良く知っているような、彼の存在の焦点としては捉えられていない。ひょっとするとそういう欲ばった捉え方をしようとするのは、そもそも無理というものなのかもしれない。彼自身の生き方や仕事、さらに彼の生活の幸福の源をなすチャレンジや焦燥、そして鋭い洞察が生みだす興奮、科学的叡知の深い喜びなど、すべてを総合して面白い話のシリーズに作りあげるなどということは所詮できないことなのかもしれないからだ。

僕は自分が学生だったころの彼の講義の様子をいまだにまざまざと思いだす。教室正面に立った彼は、入ってくる学生に笑顔を向けながら、教壇代りに横長く据えられた黒い実験台を指でたたいて複雑なリズムを打ちだしている。少し遅れて入ってきた学生が席に着く間、彼は今度はチョークを手に取り、何か秘密の冗談でもあるかのように、嬉しそうにニコニコしながらまるでプロの賭け事師がポーカーのチップをもてあそぶように、指の間で凄いスピードでくるくる回しはじめる。そしてなおもニコニコし続けながら、彼の知識を僕らに頒《わか》とうと、彼の公式、彼の模式図を通して物理学を語ってくれるのだ。その顔に笑いを、その眼に輝きをもたらしたのは、秘密の冗談でも何でもなく、物理学そのものだったのだ。物理学の喜び！　そうだ、その歓喜は僕らの間にどんどん伝染していった。僕らはそれに感染して幸せだったと思う。そして今ここにファインマン・スタイルの生の喜びに触れる機会が、読者諸君に供されているのだ。

カリフォルニア工科大学
ジェット推進研究所技術部主任研究員
アルバート・R・ヒッブス

僕の略歴

僕の過去の簡単な年譜は次の通りである。

僕は一九一八年ニューヨーク市のすぐかたわらの、ファーロッカウェイという小さな海辺の町に生れ、一九三五年一七歳になるまでをここで過した。その後MIT(マサチューセッツ工科大学)に四年間在学、一九三九年頃プリンストン大学に移った。プリンストンにいる間にマンハッタン計画にたずさわった僕は、一九四三年四月にはロスアラモスに行くことになった。ロスアラモスには一九四六年一〇月か一一月まで滞在、その後はコーネル大学に就職した。

アーリーンと結婚したのは一九四一年だが、彼女は一九四五年僕のロスアラモス滞在中、結核で亡くなった。

コーネルには一九五一年頃まで勤めたが、一九四九年夏はブラジルで過し、一九五一年には再び半年間ブラジルに滞在している。その後キャルテク(カリフォルニア工科大学)に移り、それから現在に至るまでここにずっと腰を落着けている。

一九五一年の末、僕は二週間ほど日本訪問をし、その一、二年後、二度目の妻メアリー・ルーと結婚直後に再び日本を訪れた。そしてほんの昨年(一九八五年)夏、今度は現在の妻とともに一カ月の日本滞在を楽しんだ。機会があれば、またぜひ訪日したいと思っている。

現在の僕の妻は英国人のグウェネスで、彼女との間にカールとミシェルという二人の子供がある。

R・P・ファインマン

目　次

下巻目次

1　ふるさとファーロッカウェイからＭＩＴまで

考えるだけでラジオを直す少年

僕がわが家に「実験室」を作ったのは、たしか一一か一二になったころだったろうか。実験室といったところで、中に棚をとりつけたただの木の荷箱なのだ。電気コンロもあったから、その上で油を煮たてては、よくポテトフライを作ったものだった。このほかに蓄電池や、ランプベースもあった。

さてこのランプベースとは、テンセントストア(雑貨屋)で買ってきた電球のソケットを木の台にねじでとめ、電線のきれっぱしでスイッチにつないだだけのものだった。そのスイッチを並列や直列などのいろいろな組合せにすれば、電圧を変えられることは知っていたものの、電球の抵抗が温度によって変わるものだということには、うかつにも気がついていなかった。だから実際の回路の電圧は、僕の計算の結果と合いはしなかったが、それでもけっこう楽しめたものだ。電球が直列の組合せでうすぼんやりとついているときには、それがぼうーっと光って何ともいえずきれいだった。

これにはショートでもしたらすぐさまとぶようにヒューズもつけてあったが、家全体のヒューズまでとんでしまわないよう、少し弱くしておく必要がある。そこで僕は切れた古いヒューズを探しだし、スズ箔でくるんで弱いヒューズを作った。そしてこれと並列に五ワットの電球をとりつけておいた。万一ヒューズがとんでも、バッテリーにつないだトリックルチャージャー(細流充電器)からの電流で、ちゃんとこの電球がともるしかけである。おまけにこの電球がついたとき赤く透けてみえるように、電球をとりつけた配電盤にはキャンディの茶色い包み紙をかぶせてあった。だから何かあったとき、ひょいと見あげると、ヒューズのところにでかいまっ赤な球が見える。これがたいへん嬉しかったものだ。

僕はまたラジオが大好きだった。はじめてのラジオは店で買った鉱石ラジオだったが、よく夜寝るときベッドの中でイヤホーンをつけては、聴きながらねたものだ。夜遅く外出していたおやじたちが帰ってくると、僕の部屋にこっそり入ってきてはイヤホーンをそっと外してくれる。眠っている間に、僕の脳の中に何か良からぬものでも入っていくのではないかと、心配したらしい。

その頃、僕はまた盗難よけのベルも発明したが、それはでかい電池に電線でベルをとりつけただけの、およそ単純なしろものだった。部屋のドアが開くと、この電線が電池に触れ、回線がつながってベルが鳴るというしかけになっていた。

　ある夜のことおやじたちが外から帰ってきて、眠っている子供の僕をおこすまいと、抜き足さし足で例のごとくイヤホーンを外しに僕の部屋に入ってきた。ところがそうっとドアを開けたとたん、ジャンジャンジャンジャンとてつもない音でベルは鳴りだすし、目を覚ました僕はベッドから躍りあがって「やった！　やった！」と叫ぶし、とんだ大騒動になってしまった。

　僕は「フォードコイル」という、自動車のスパークプラグ用のコイルを持っていた。これを配電盤のてっぺんのスパークターミナルにつなぎ、中にアルゴンガスの入ったレイセオンRH管（真空管の一種）をこのターミナルにとりつけておいた。そうするとスパークしたとき、真空管の中が紫色に光る。僕はこれがまた愉快でしかたがなかった。

　ある日のこと、僕はこのフォードコイルの火花で、紙に穴をあけて遊んでいた。すると、その紙に火がついてぼうぼう燃えだしてしまった。だんだん手元近くまで燃えひろがって、とても持ってはいられない。あわてた僕はこの紙切れを金属製のくずかごにぽんと放りこんだ。ところがこれが新聞紙でいっぱいときていたからたまらない。誰でもよく知っていることだが新聞紙というものはすごく燃えやすいものだ。あっという間にこれが部屋の中でぼうぼう燃えあがったのだからちょっとすごかった。ちょうどそのとき客間ではおふくろが友だちとブリッジをやっていた。息子の部屋が火事とわかったら大変だ。僕はおふくろに気付かれないようにドアを大急ぎで閉めるが早いか、そばにあった雑誌でぱっとくずかごに蓋をした。

これでやっと火が消えたので雑誌をのけると、もうもう出る煙で部屋がいっぱいになってしまった。しかもくずかごは熱くてとてもさわれない。僕はとうとうペンチでかごをはさんで窓の外に突き出し、煙を出してしまおうとした。

ところが外はたまたま風が吹いていたので、また燃えさしに火がついてしまった。しかも今度は雑誌に手が届かないときている。そこでまたもやぼうぼう燃えるくずかごを部屋の中に持ちこみ、雑誌をのせようと思った。見れば窓にはカーテンがひらひらしている。まったく危ない話だ！

とうとう何とか雑誌に手が届いたので、これでやっと火を消しとめた。それからまた用心のため雑誌を片手に、かごを窓のところへ持っていってガラガラゆすぶり、下の道に(僕の部屋は二階か三階だった)まだ赤くくすぶる燃えがらを落としてしまった。それから何くわぬ顔で「外で遊んできます」とおふくろに声をかけ、ドアを閉めてでかけてしまった。煙は僕が外で遊んでいる間に窓からだんだん出ていって消えてしまい、まずは大事にならずにすんだのだった。

僕はまた電気のモーターを使ってずいぶんいろいろなことをやった。店で買ってきた光電管につなげて、アンプを作ったこともある。この光電管の前に手をかざすとベルが鳴るしかけだ。もっともおふくろがしょっちゅう僕を外に出して遊ばせようとするものだから、思う存分のいたずらはできなかった。とはいえそれでも結構自分の部屋の「実験室」で、あれこれやっては楽しんだものだ。

ガラクタ市でラジオもずいぶん買った。金は無かったが、何しろこわれた古ラジオだからただも同然だ。買ってきては何とか自分で修理しようというわけだが、ほとんどがちょっと見ればすぐわかるような単純な故障で、ただ配線が外れていたり、コイルがこわれて少しほどけていたりするだけだったから、簡単に直ってけっこう使いものになるものもあった。ある夜、そのラジオの一つにテキサス州はワコー市のWACO局の電波が入ったときは、とびあがるほど嬉しかった。

実験室に据えつけたこの真空管ラジオで、僕はスケネクテディ市のWGNとかいう放送局も聴くことができた。その頃、僕たち(妹と二人の従弟)は、近所の子供たちといっしょに「イノ犯罪クラブ」(この「イノ」はイノ印の胃散からきている)という番組を、一階のラジオで聴くことにしていたが、これは当時人気絶頂の流行番組だった。

ところが実験室のラジオをWGN局に合わせると、ニューヨーク放送より一時間前にこの番組が聴けるのに気がついた。それからというもの、僕は毎回「犯罪クラブ」の顚末を二階で先に聴いてしまっては、下に行ってまたみんなといっしょにニューヨーク放送を聴くことにした。そして何気なく「ほら、何とかいう奴がしばらく出てこないから、そろそろ彼が現われて事件の解決をやってのけるに決まってるよ」などと言う。

と、次の瞬間、コンコンとノックしてその人物が登場するんだから皆あっと驚くわけだ。この調子でほかにも二つ三つずばりと言いあててみせたものだから、何かからくりがあるに違いないと、みんな気がつきはじめた。そしてとうとう一時間前にこの番組を上の部屋で先に聴いているのだということを、白状させられてしまった。こうなるともうみんな、いつもの時間まで待てるわけがない。結局みんなで僕の実験室に入りこんでは、三〇分の間このポンコツラジオを囲んで、スケネクテディからの「イノ犯罪クラブ」を聴くことになってしまった。

その頃僕たちは、祖父の遺した大きな家に住んでいた。僕の家族はこの家のほかに財産といっては何もなかったらしいが、とにかく大きな木造の家だった。この外側に僕は電線を張りめぐらし、いつでもどこでも二階の僕の部屋にあるラジオが聴けるように、部屋ごとに差しこみをとりつけたりした。ラウドスピーカーも大きなラッパのとれてしまったのなら持っていた。

　ある日イヤホーンをつけているとき、これをさっき言ったスピーカーにつないでみて面白いことに気がついた。スピーカーに指を入れると、イヤホーンに音が伝わってくる。スピーカーをカリカリひっかくと、その音がイヤホーンに響いてくるのだ。つまり僕はスピーカーがマイクロホンと同じ働きをすること、おまけにこれなら電池など要らないことを発見したわけだ。その頃学校では、ちょうどアレクサンダー・グラハム・ベルのことを習っていたから、僕はさっそくこのスピーカーとイヤホーンの実演をやってみせた。そのときは気がつかなかったが、ベル自身がはじめに使ったのも、この種の電話機だったのだと思う。

　こうなると僕はいまやマイクロホンの持ち主だ。これとガラクタ市で買ったわがポンコツラジオのアンプを使って、二階から下の部屋に放送を流したり、逆に下から二階に放送したりすることもできた。そのころ妹のジョーンは僕より九つも年下だったから二つか三つだったと思うが、彼女の好きなラジオ番組に「ドンおじさん」というのがあった。このドンおじさんは「良い子の歌」を歌ったり、ファンの母親たちが「この土曜、うちのメアリーはフラットブッシュ町二五番地で誕生日を迎えます」などと書いてよこすはがきを読みあげたりする。

　ある日のこと、僕は従姉のフランセスと二人で、ジョーンを階下の部屋のラジオの前に座らせ、今から特別番組があるから必ず聴くようにと言ってきかせた。それから二人で二階に駆けあがり、さっそく放送を始めたものだ。「こちらはドンおじさんです。おじさんはね、ニューブロードウェイ町にジョーンという名の、とてもおりこうな女の子が住んでいるのを知っていますよ。もうすぐお誕生日がやってきますね。今日じゃないけど○月○日でしょう？　ジョーンはほんとうに可愛い子ですね」などとしゃべったあと、歌を一つ歌い、今度は口で「ラリラリラリラリー、ルールルールルー、ラリラリラリー、ルールルールルー」などと音楽のまねをしたり、とにかくドンおじさんの番組を皆やって、また階下に下りてきた。「ラジオはどうだった、ジョーン？　面白かったかい？」

　するとジョーンは「とてもよかったわ」と答えた。「だけど兄さんたち、何だって音楽を口なんかでやったのよ！」

　ある日僕に電話がかかってきた。「もしもし、君がリチャード・ファインマンかね？」

「ええ、そうです。」

「こちらはホテルだけどね。ちょっとラジオがこわれて直さなくちゃならないんだが、君は修理ができるそうだね。」

「えっ？　だって僕はまだ子供なんだけど。」

「わかってるよ、君が子供だってことは。まあとにかく来てみてくれないかね？」

このホテルというのが僕の叔母のやっているホテルだったのだが、そのときはそうとは知らなかった。とにかくいまだに語り草になっているそうだが、僕はお尻のポケットにばかでかいねじまわしを突っこんだ姿で現われた。何しろまだ小さかったから、僕のポケットに入っていればどんなねじまわしだって途方もなく大きく見えたんだろう。

さてこのラジオを直す段だが、何しろラジオの修理なんぞまだ何も知らなかったときのことだ。ところが運よくこのホテルに便利大工がいて、彼が気づいたか僕が気づいたのだったかもう忘れたが、とにかくレオスタット(可変抵抗器)のダイヤルがゆるんでいるのをみつけた。だから音量を上げようと思っていくらダイヤルを回しても、スルスル空回りするばかりなのだ。この便利大工の男が、何かをやすりで削ってくれたら、このラジオは元通り鳴るようになった。

その次に修理したのは、つけてもウンともスンとも言わないラジオだった。それもそのはず、コードがちゃんと差しこんでなかったのだから、これを直すのはわけはなかった。そうしているうち次第に修理も難しいのが来るようになったが、それにつれてこっちの腕もあがり、だんだん複雑なことができるようになっていった。僕はニューヨークに行って、電流計を買いこみ、これを改造して電圧計も作った。ちょうどよい長さ(この長さはむろん自分で計算した)のごく細い銅線を使って目盛をつけた電圧計だ。あまり正確とは言えなかったが、いろいろな接触を試せば、そのラジオが一応ちゃんと働いているかどうかくらいは充分調べられた。

僕みたいな子供までラジオ修理にかりだされたのは、不景気の時代だからだったと思う。修理など頼む金のない者は、この子供が安くやってくれるというのを、どこかで聞きつけてくるらしい。おかげで僕は人の家の屋根によじ登ってアンテナを直したり、いろいろなことをやらされた。まるでだんだん複雑になってゆくレッスンを受けているようなもので、とうとうしまいにはDC(直流式)ラジオをAC(交流式)ラジオに変えることまでやらされた。このシステムから雑音をなくすのはなかなか難しく、やっぱり満足には組立てられなかった。そもそもあんな仕事を引き受けるなど、心臓にもほどがあるが、何しろこわいもの知らずだったのだから仕方がない。

その中にはそれでもなかなかセンセーショナルな仕事も一つあった。その頃僕は印刷屋でアルバイトをやっていた。その印刷屋の知り合いで、僕がラジオを直す仕事をやりたがっているのを聞きつけた男が、そのまた友だちを店に迎えによこしたことがある。この男というのが見るからに貧乏で、その車たるやひどいボロ車だったし、家も貧民街にあった。途中の車の中でラジオのどこが悪いのかを聞いてみたところ、「つけはじめに雑音が入るんだ。しばらくするとよくなるが、何しろこの雑音が気にくわない」と言う。

僕は「こいつはべらぼうな話だ。金がないんならちょっと雑音がするぐらい我慢すりゃいいんだ」と思った。おまけにこの男は、家に着くまで馬鹿にしたように「お前そんなちびっ子のくせに、ラジオの修理なんか本当にできるのかね?」などと言い続ける。僕も頭にきて、「何言ってやがんだ、こいつ! 雑音ぐらい何だい!」などと腹の中で思っていた。

ところがその家に着いてさっそく問題のラジオをつけてみて驚いた。いやはやちょっとやそっとの雑音どころではない。我慢ができなかったのも当りまえで、ガーガーゴーゴーとラジオまでブルブルふるえだす始末だ。そのくせしばらくすると何事もなかったみたいに静かになって、普通に放送が入り始める。そこで僕は「何でこんなことが起こるんだろう?」と考えはじめた。

ラジオの前を行ったり来たりしながら、こんな変てこなことが起こるには、真空管がめちゃくちゃな順序で熱してくることしか考えられない、アンプも熱くなって真空管もすっかり受信の用意ができているのに何も入ってこないのか、回路に電流が逆に流れているのか、とにかくラジオのつけはじめに(つまり高周波回路の部分で)チューナーがどうかしているのだ。だから何か入ってきて大きな音を出すんだろう。そのうちラジオ周波がちゃんと入りはじめて、グリッド(格子)電圧が調整されると普通に戻るのだろう。こう考えていたら男がとうとうじれったがって、「お前いったい何やってんだ。ラジオ直しに来ておいて、ただ行ったり来たりしてるだけじゃないか」と言いだした。

「今ちょっと考えてるんだよ!」と返事しておいて僕は、「ようし。真空管を外して全部順序を逆にはめ直してみよう」と考えた。(その頃のラジオはたいてい同じ真空管を使っていて、二一二とか二一二Aとかいう番号がついていた。)僕はそこで真空管の並びを変えてから、前にまわってラジオをつけてみると、さっきの雑音など嘘のように静かだ。そして熱してくるにしたがい、ちゃんと普通に鳴りはじめた。

こっちを疑っていた人というものは、こういうことに出くわすと、かえってその埋め合せみたいに、よけいこっちの肩を持つものだ。その男はその後もいろんな仕事をやらせてくれるようになったうえ、僕が世にも稀な天才だと吹聴しはじめた。「この子ときた日にゃ考えるだけでラジオを直しちまったんだからな！」と事あるごとに言って歩くようになってしまった。ラジオを修理するというのに、こんな小さな子供が、まずじっと考えてそれからどうすればよいかを思いついたということが、よっぽど意外だったのだろう。

その頃のラジオの回路は、実際に目に見えるんだからわかり易かった。ばらしさえすれば、(元のねじを探すのには苦労したが)これが抵抗器、こっちはコンデンサー、これは何、あれは何、とちゃんとラベルがはってあるから一目瞭然だ。コンデンサーから蠟が溶けだしていれば、これが熱しすぎている、さてはコンデンサーが焼き切れたな、とすぐわかるし、抵抗器の一つに黒く煤がついていれば、どれが悪いのかわかる。見るだけでわからなければ、電圧計で電圧がちゃんと来ているかどうか調べることもできる。何しろラジオの構造は簡単だし、その回路もそんなに複雑ではない。グリッド(格子)上の電圧だって一・五か二ボルトぐらいのもの、陽極の電圧は直流で一〇〇から二〇〇ボルトくらいのものだ。だからラジオの中の構造と仕組みをのみこんでさえいれば、悪いところをみつけて修理するのは、そんなに難しくはなかったのだ。

それでもときには、うんと時間を食うこともあった。一度など今でもはっきり憶えているが、一見わからなかった不良抵抗器をみつけるのに午後いっぱいかかったこともある。それはおふくろの友だちのラジオだったから、「今何をやってるのかね？」などと後からうるさくせかされたりしないで、時間をたっぷりとれたのは、もっけの幸いというものだった。

おふくろの友だちともなれば、せかすどころか「ミルクをあげましょうか？　それともケーキがいいかしら？」などと言ってくれるのだ。僕はさんざん苦心したあげくこのラジオを直してしまったが、それは根気があったからだ。この根気は、今でも失わずに持っている。パズルや謎々をやりはじめたら最後、僕はやめられないたちだ。もしあのときあのおばさんが「あんまり大変なら、もうあきらめなさいよ」とでも言ったとしたら、僕はきっと癇癪を起こしたに違いない。故障を調べてせっかくこれだけいろいろなことがわかってきているのに、いまさらやめられるものか。こうなったら最後、とことんまで故障の原因をつきとめなくては気がすまない。

これはパズル・マニアの心理でもある。マヤの象形文字を解読したいと思ったり、金庫の錠前を鍵なしで開けたいという衝動だってこれから来ているのだ。今でも忘れないが、高校時代一時間目に、高等数学の時間に出た幾何のパズルや難問などを僕のところに持ってくる奴がいた。一五分かかったか二〇分かかったか、とにかくこいつが解けるまで僕はやめられない。ところがその日のうちにまた別な奴が同じ問題を持ってくる。さっきやった問題だから僕はこれを一瞬のうちに解いてみせる。だから一人の者にとってみれば、僕はこれを解くのに二〇分かかったが、一方ほかの五人の者にしてみれば僕は超天才だったわけだ。

こういうわけで僕は高校時代とんでもない評判をとってしまい、その結果、人の知る謎という謎はことごとく僕のところに持ちこまれることになった。おかげで人間の発明したパズルや謎々なら、まったく途方もないものまで僕は一つ残らず知っていた。MIT(マサチューセッツ工科大学)時代、あるダンスパーティで上級生が、いろんな謎々を知っているガールフレンドを連れてきていた。そして僕がパズル解きの名人だと彼女に吹いたものだ。するとダンスの最中この女の子が僕のところにやってきて、「あなたはとっても頭がいいってみんなが言ってるけど、こんな謎々があるわよ。ある男が八たばの薪を割ることになったんですって……」

僕はこの謎々は聞いたことがあったので、すかさず、「はじめ一本おきに三つに割ったんだろう?」と言った。すると彼女はどこかへ消えて、しばらくするとまた別の謎々をもって戻ってきたが、その答も僕は知っていた。

このやりとりがかなりの間続いた。とうとうダンスも終りに近づいてから、彼女が今度こそはという顔つきでやってきて、「ある娘とそのお母さんがヨーロッパ旅行に出かけたんですって……」

「娘がペストにかかったんだろ?」

これを聞いて彼女はペチャンコになってしまった。何しろ謎々は始まったばかりで、答のヒントなどまだ全然出てきていないではないか。これはまだ先の長い謎々なのだ。まず母と娘がホテルで別々の部屋に泊る。次の日母親が娘の部屋に行ってみたら、部屋が空っぽだったか、誰かほかの人がいたかで、当の娘は影も形もない。彼女が「私の娘はどこ?」というと、ホテルの支配人が「娘さんですって? そんな人は知りませんね」と言う。宿泊者名簿を見ると、母親の名しか載っていない。という調子でえんえんと続いたあげく、いったい娘はどうなったか、というミステリーに終わる謎々なのだ。その答は娘がペストにかかり、ホテル側では強制閉鎖を命じられるのを恐れて娘を追いだし、部屋を掃除して娘がそこにいたという証拠をいっさい消してしまった、というものだが、何しろ長い長い話だ。けれども僕は、「母と娘がヨーロッパ旅行に出かけました」という出だしを聞いただけで、そういう文句で始まる謎々は今まで一つしか知らないので、思いきって見当をつけたらそれが当たったというわけだ。

僕の高校には代数チームというのがあって、メンバーこそ五人しかいなかったが、よくよその学校に試合に出かけていったりしたものだ。僕らがこっちに一列に並んで座ると、相手チームが向こうに一列に座る。係の先生が封筒を取り出すと、これに「四五秒」と書いてある。先生は封筒を開けて中の問題を黒板に書き、「始め！」と言う。先生が問題を書いている間考えられるから、正味は四五秒以上あることになる。ルールは、もらった紙片に何を書こうが何をやろうがこっちの勝手で、答さえ正しければいいのだ。たとえば答が「本六冊」なら紙に「6」と書き、この周りを丸で囲む。この丸の中が正しい数であればこっちの勝ち、違えば負けということになる。

時間に限りのあるとき、これを普通のやり方で解くのは明らかに無理だ。たとえば「Aは赤い本の数、Bは青い本の数である……」というのを紙の上でせっせと六冊という答がでるまで計算したとすれば、どうしても五〇秒はかかる。一問題あたりの時間を決める人は、必ず少し短めの時間を言うものだから、絶対時間が足りない。そこで「何とかこの問題の決め手をさっと見抜くことができないものか」と考えることになる。ときにはぱっとひらめくこともあったが、さもなくば何かそれ以外の近道をみつけてできるだけ速く代数の計算をやらなくてはならない。これはすばらしい訓練だった。僕はだんだん進歩して、ついにはこのチームのリーダーにまでのしあがった。こうして僕は代数の計算をすばやくやる技を覚えたのだが、これが大学に入ってからたいへん役にたった。微積分学の問題でも、僕はこれがどのような結末に進むかを、すばやく察知することができ、代数をあっという間にやってのけたのだ。

高校時代にやったことがもう一つあった。それは問題や定理を発明することだ。つまりどうせ数学をやっている以上は、これを利用できるような実際例を考えだすのである。僕は直角三角形に関する問題をひと組発明したが、このうち第三辺の長さを求める問題では、二辺の長さがわかっていることにする代り、二辺の差がわかっていることにした。この典型的な例をあげると、まず旗竿があって、そのてっぺんから綱が下がっている。この綱を垂直に下ろすと旗竿よりも三フィート長い。今度は綱がたるまないように横に引っぱってみると、竿の根元から五フィート離れたところまで来るものとする。この旗竿の高さは何フィートあるか？

僕はこの種の問題を解く方程式を作り出した。ここで $\sin^2 x + \cos^2 x = 1$ だったかと思うが、三角法を思わせるある関係に気がついた。その二、三年前、僕が一一か一二歳の頃、図書館から三角法の本を借りだして読んだことがあった。もうずっと昔のことだからその本はとっくに手元にないが、ただ三角法というものは、サインとコサインの間の関係がどうとかというものだったことだけは覚えていた。そこで僕は三角形を描いては、その関係を全部考えてみることにし、一つ一つ自分で証明していった。そして自分で考えだした加法定理と半角公式を使って、五度のサインから始めて五度ごとに、サイン、コサイン、タンジェントを出す計算もしたのだ。

何年か後になって学校で三角法を習ったとき、僕はまだ持っていた前のノートと比べてみて、教科書に出ているのと、僕の証明法とが違うことが多いのに気がついた。ときどき簡単なやり方がみつからないときなど、僕は何とかしてそれをみつけるまで考えぬいたものだ。ときには僕のやり方の方がよっぽどましで、教科書に出ている証明法は複雑すぎることもあった。つまり僕の方の勝ちということもあり、その反対に向こうがうわてということもあったわけだ。

この三角法をやっている間、僕はどうも本に出てくるサインやコサイン、タンジェントなどの記号が気にくわなかった。僕にしてみれば sin f は s×i×n×f という風に見えてしかたがないのだ。そこで僕は自己流の記号を作りだした。たとえばサインはシグマ(σ)の腕が長く伸びている平方根の記号みたいなもので、この下に f を書く。タンジェントは、てっぺんを伸ばしたタウ(τ)、コサインはちょっと平方根の記号に似たガンマ(γ)のような形にした。さて逆サインのときも同じシグマだが、サインのときと左右を逆にして横に伸びた棒の下にfを書き、棒の右端にシグマをつける……という具合である。この記号は僕の逆サインで、$\sin^{-1}f$ではない。教科書にあるあの$\sin^{-1}f$という記号は、どう考えてもおかしい。$\sin^{-1}$は僕の目にはどう見たって逆数の$1/\sin$にしか見えないのだ。だから僕の記号の方が一枚うわてかもしれない。

僕はまた$f(x)$という記号が、いかにも$f\times x$という風に見えて気にくわなかったし、dy/dxというのも、ついdを約したくなるから、とうとう別に&に似たような自己流の記号を作りだした。僕流の対数の記号は、大文字のLの棒を右に伸ばし、その上にxなどの値を書きこむというものだった。

僕の記号は普通使われている記号に比べ、優れているか、そうでなくても同じくらいの価値がある、そもそも記号などはどれを使おうとこっちの勝手だ……と僕は思っていたのだが、あとになって必ずしもそうはいかないことに気がついた。高校時代、僕は友だちに何かを説明していて、つい何気なく自己流の記号を使い始めたところ、彼が「いったいその変てこな記号は何だい?」と言いだしたことがあった。そのとき僕は人に何かを説明するときには、やっぱり標準の記号を使わなくてはならないことを悟り、それ以来自己流の記号を使うのはあきらめてしまった。

僕はまたフォートラン(FORTRAN、コンピュータ言語)みたいに、タイプライターにまで記号を作りだし、数学の方程式がタイプで打てるように工夫したこともある。また輪ゴム(僕の育ったところでは、ロサンゼルスのように輪ゴムがすぐぼつぼつ切れてしまうことはなかった)やペーパークリップでタイプライター修理もよくやったものだ。だからといって、僕は決してプロの修理工とはいえない。なぜなら僕は一応物が使いものになるように修理はしても、パズルを解くのと同じで、一体全体どこが悪いのか、どうすればこれを直すことができるか、という問題を考える「過程」の方が、よっぽど面白かったからだ。

いんげん豆

僕がたしか一七か一八の頃、叔母が経営しているホテルで、一夏アルバイトをしたことがある。給料はいくらだったか忘れたが、一カ月二二ドルぐらいのものだった。ある日は一一時間、次の日は一三時間という調子で、僕はホテルの受付とレストランの雑用係を代る代るつとめた。午後受付をしているときは、寝たきりのD夫人にミルクを持っていくことになっていたが、ただの一セントだってチップをもらったことはない。その時分は世の中がすべてその調子で、報酬なしで毎日長時間働きつづけるぐらい当りまえのことだったのだ。

このホテルはニューヨーク市郊外の海岸に面したリゾートホテルで、泊り客のうち亭主どもは朝になるとニューヨークに働きに出かける。後にのこった奥さん連は日がな一日トランプをやっている。だから僕は毎日ブリッジゲーム用のテーブルを用意しなくてはならない。夜は夜で今度は亭主連がポーカーをやる番だ。そこで僕はまたもや煙草の灰を捨てたりしてテーブルの準備をする、という調子で毎晩午前二時ごろまで起きていなくてはならない。だから実際に正味一一時間、一三時間の労働だったのだ。

こうして働いている間、例えばチップ制度のように僕の気にくわないこともいろいろあった。チップなどなしにして給料を余計にくれる方が、よっぽどましだと僕は思っていた。だがこの案をボスに持ちこんだところ、一笑に付されたうえ、あげくのはてはみんなに「リチャードはチップ要らないんだってさ、へへへへ。チップなんか要らないんだとさ、ハハハハ」とふれまわられるしまつだった。とかく世の中にはこういった無知で生意気な連中が、うようよしているものなのだ。

それはともかくとして、仕事から帰ってきた男たちの中に、すぐカクテル用の氷を欲しがる連中がいた。僕といっしょに働いていた男は僕より年上で、ずっと仕事に慣れた本職のフロント係だったが、あるとき僕に「ほら、あのアンガーって男は、毎日氷を持っていってやるのに一〇セントだってチップをくれたことがない。今度氷持ってこいと言われたって何もしてやるなよ。そうすりゃまた呼びつけられるだろ？　そうしたら「ああどうもすみません、忘れちゃって。物忘れってことはお互いによくあることでして」とか言ってやるがいい」と言った。

そこでその通りやってみたら、アンガーの奴は僕に一五セントもチップをくれたではないか！　だがよく考えてみると、あのフロント係はさすがにプロだけある。自分は一言もいわず指一本動かさず、僕にトラブル覚悟でチップをねだらせ、客にチップの習慣をつけようというんだから大したものだ。

雑用係の僕は食堂のテーブルもいつもきれいに片付けておかなくてはならない。まずテーブルの上のものを傍らの盆に積みあげておいて、いっぱいになるとこれを台所に運びこむ。そして別な盆を持ってくるというのが普通のやり方だ。ところが僕はいっぱいの盆を下ろし、新しく別の盆を持っていくという二段がまえをやるところをはしょって、一度にやろうと考えた。そこでいっぱいの方の盆の下に別な盆を差し入れると同時に、上の盆をさっと引き抜くという早技をやってのけようとしたら、これが滑ってガラガラガチャンとばかり盆の上のものを皆床にぶちまけてしまった。むろんみんなは寄ってたかって「いったい何をやってたんだ？　何で落としたんだ？」とうるさくきいた。しかしさすがの僕も、このときばかりは「もっと手ぎわよく盆を片づける方法をみつけようとしてたんだ」などとはとても言えなかった。

このホテルで出すデザートに、小皿に紙レースのドイリーをしいてのせると、とてもきれいにみえるコーヒーケーキのようなものがあった。ところが裏の台所では、もと炭鉱夫風のパントリーマンとよばれる肥った男が、短いソーセージみたいな指でデザートの用意に苦心惨憺している。というのもこの紙レースは工場でプレス機械のようなもので作られたらしく、みんな重なったままくっついているのだ。ただでさえこれを一枚一枚はがして皿にのせるのは大変なのに、この男の指は太くて短いときている。だから彼がひっきりなしに「くそ！　この腐れドイリーめが！」と罵るのを僕はいつも聞いていた。聞きながら「このちがいはどうだ！　テーブルに座ってこのきれいな紙レースをしいた小皿のケーキをおつにすまして食べる奴がいるかと思えば、こっちでは指の太短いパントリーマンが「くそ！　この腐れドイリーめ！」と言っている。とんだコントラストだ」と思ったのを憶えている。世の中の見かけと現実はこんなに違うものなのだ。

僕が働きはじめたその日、食堂係の女の人が、遅番の者にはハムサンドか何かを作ってくれることになっている、と教えてくれた。そこでデザートが大好きな僕は、もし夕食の残りのデザートがあったら、それをもらいたいと頼んでおいた。その夜僕はポーカーをやっている男どものおかげで二時頃まで起きていたが、することは何もなし、退屈しきっていた。ところがふいに、そうだ、食後の菓子があったんだと思い出した。いそいで冷蔵庫を開けてみたら、ある、ある。六つもデザートがおいてある。

チョコレート・プディング、ケーキ、桃の切ったの、ライス・プディング、ゼリーといった調子で何でもござれだ。僕は腰をどっかと据えて、この六つのデザートをきれいに平らげたが、まったく天にも昇る心持だった。次の日その女の人が「ゆうべデザートおいといてあげたけど……」と言ったので、僕は「あれはみんな何ともいえずうまかったよ」と答えた。

「だって六つもあったでしょう？　どれが好きかわからなかったから、六つともみんなおいといたんだけど……」

それからというもの、彼女は毎夜六つずつデザートをとっておいてくれるようになった。いつも違った種類のデザートとは限らなかったが、それでも必ず六つのデザートにありついたのだった。

ある日のこと、一人の娘が電話のそばに本を置き忘れて食堂に行ってしまった。見るとこれが『レオナルドの生涯』という本で、僕はもう我慢ができずこれをその娘から借りて一気に読んでしまった。

僕はホテルの裏の小さな部屋に寝起きしていた。部屋を出るときは必ず電灯を消せとうるさく言われるのだが、僕はそんな厄介なことがどうしても覚えられないたちだ。

だからレオナルドの本に刺激されて工夫したのが、紐とコカコーラのびんに水を入れた錘《おもり》からなるしかけだった。ドアを開けると錘が電気の鎖を引っぱってパッと電灯がつく。外に出てドアを閉めると電灯が消えるというやつだ。だがこんなものはものの数に入らない。僕の大発明は、もうちょっとあとになってからの話である。

僕は台所で野菜を切る仕事もさせられていた。いんげん豆は一インチの長さに切ることになっていたが、その方法ときたら豆を二つ手に持ち、もう一方の手に持った庖丁で親指の腹に押しつけて切る、というやり方だ。ついでに親指までばっさり切りそうになるおよそ危険かつ悠長な方法だ。そこで僕はさんざん知恵を絞ったあげく、なかなかいいことを思いついた。

まず台所の外にある木のテーブルに、よく切れる庖丁を向こうむきに刃を上にして四五度の角度でとりつけ、僕はその前に鉢をひざにおいて座る。そして庖丁の両側にいんげん豆を積んでおいて、両手に一つずついんげんをつまみ、さっと庖丁の上をこちら向けに走らせれば、二つに切れて膝の鉢におちる、という段どりだ。

シュッシュッと僕は調子にのって次々といんげんを切っていった。皆大よろこびで僕にいんげん豆を持ってくる。いよいよ得意になって目のまわりそうな速さでどんどん切っていたら、女主人がやってきて「一体全体何をやってるんです？」と言う。

僕は大威張りだ。「まあこの豆の切り方を見て下さいよ」と言ったとたん、豆の代りに指を走らせてしまった。血はポタポタといんげんの上に落ちるし、「そら言わんこっちゃない。いんげんがこんなにたくさん無駄になった。よしゃあいいのに馬鹿なことをやったもんだ！」などと、みんなもう大騒ぎだ。おかげで僕はこのいんげん切りの改善をあきらめざるを得なくなった。刃にちょっとガードか何かをつければ簡単なはずなのに、やっぱり改善の工夫などは歓迎されないものなのだ。

このほかにもまだ僕の発明で、同じような運命をたどったものがある。いんげんだけでなく、サラダか何かにするゆでたじゃが芋を切る仕事があったのだが、何しろ芋はねばるし、濡れているしで扱いにくいことこの上ない。僕は格子棚のようなものに、たくさんのナイフを平行にとりつけ、これが並べた芋の上に下りてきて一度にばっさり切る……というようなからくりをずいぶん考えた。そのあげく格子棚に針金をつけることを思いついた。

僕はそこで針金だかナイフだかを買いに、勇んで雑貨屋にでかけていった。ところがこの店で僕はそのものずばりの道具を見つけたのだ。ゆで卵切りである。だから次に芋切りの仕事が来たときにはさっそくこの卵切りを出してさっさとえらいスピードで芋を切り、どんどんコック長に送り返した。このコック長はドイツ人で、台所のキングとでもいった大男だったが、これが真っ赤な顔をして首に青筋立ててこっちへどなりこんできた。「芋をいったいどうしたんだ？　切れてないじゃないか！」

芋はちゃんと切れているが、ただくっついているだけのことだ。ところがコック長は、「そんなもの、いちいちはがしていられるか！」とどなる。

「水に入れたらいいよ」と僕は言ってみた。

「なに？　水だと？　このーお！」

またあるときは実にすばらしい考えが浮かんだ。フロント係をしているときは電話も取らなくてはならない。電話がかかってくるとジーッと音がして、かかってきた線のフラップが交換台に下りてくる。これでどの線からかかっているのかがわかる仕組みだ。僕はあんまり電話のかかってこない午後二時前後を見はからって、ブリッジをやる奥さん連のためテーブルの仕度をしたり、外のテラスに座っていたりする。そういうときに電話がかかってくると、走っていってこれを受けなくてはならない。ところが何しろ長いカウンターの向こう端まで行ってやっとデスクの後ろにまわっても、それからまた交換台までがかなりあるから、けっこう手間がかかる。

そこで僕はいいことを考えだした。交換台のフラップに一本ずつ糸を結びつけ、これがデスクを越えて外側に垂れるようにして、この糸の先に紙切れを結びつけたのだ。こうしておいて僕はデスクのこっち側からも届くように、受話器をデスクの上においいた。電話がかかってくると、どの紙片が持ち上がっているかを見ただけで、どのフラップが下りているかがわかり、デスクのこちらからでもすぐ適当な受け答えができるというわけだ。むろん電話をつなぐにはデスクの後ろにまわらなくてはならなかったが、少なくともその前に「ちょっとお待ち下さい」という返事はできる。それからおもむろにデスクの向こうにまわってつなげばいいのだ。

僕はこのしかけが得意でしかたがなかった。だがある日ボスが来ているときに電話がかかってきた。彼女が自分で電話に出ようとしたが、あまりに複雑でどうしていいのかわからない。「この紙きれはいったい何です？　それに受話器が何でこっちにおいてあるんです？」とガミガミやられた。僕は一所懸命こういう工夫をしない理由はない、と説明これつとめたが、彼女は聞く耳ももたない。（このボスというのが僕の叔母だった。）ホテルの経営者みたいな「小利口な」人間には、何を言っても無駄だということをいやというほど思い知らされた。こうして僕は実際の世の中では、刷新ということがいかにむずかしいかを学んだのだった。

ドア泥棒は誰だ？

ＭＩＴ（マサチューセッツ工科大学）の各フラタニティ（男子学生の団体で同好者が居を共にする―訳注）にはスモーカーと称するスカウトがいて、自分のフラタニティに新入生を勧誘しようと鵜の目鷹の目だった。ＭＩＴに入学する前の夏、僕はユダヤ系のフラタニティ、ファイ・ベータ・デルタのニューヨーク集会に招かれて出席した。その頃はユダヤ系だったり、ユダヤ人の家庭に育ったりしたものはほかのフラタニティにいくら入りたくても、相手にさえしてもらえなかったのだ。何も僕がとりたててほかのユダヤ系学生と行動を共にしたいと思っていたわけでもないし、ファイ・ベータの連中だって僕がどれだけユダヤ人的かなどということは、どうでもよかったに違いない。そもそもユダヤ人的とか何とかいうことなんか考えてみたこともないし、僕はどうまちがっても宗教的な人間ではないのだ。

それはともかくとして、このフラタニティの上級生たちは僕にいろいろ質問をしたあげく、忠告もしてくれた。その中に一年目の微積分学の講座は、試験だけ受けてパスすればよい、というのがあって、この忠告は大いに役に立った。僕はこのフラタニティからニューヨーク集会に来ていた連中が気にいったし、特に僕を勧誘してとうとう入会させた二人の男とは意気投合し、のちに同室することになった。

MITにはもう一つ「シグマ・アルファ・ミュー」という名のユダヤ系フラタニティがあった。新入生を家まで迎えにきて、ボストンまで車で連れていってくれたうえ、彼らのところに泊らせてくれるというのがこの連中の勧誘法だったが、それとは知らない僕は大喜びで同乗させてもらい、その夜は二階の一室に寝かせてもらった。

あくる朝目を覚ました僕が、窓から外を眺めると、もう一つのフラタニティの例のニューヨークで会った学生二人が玄関の階段を上がってくる。と、シグマ・アルファ・ミューの連中が飛び出していって何やら大議論が始まった。

僕は窓から「ああ、僕は君たちの方に行くんだった！」と叫ぶと、急いで駆けだしていった。僕はフラタニティがそれぞれ新入生を入会させようと、お互いに牽制しあっていることなどまるで気がつかなかったのだ。それにボストンまで車で連れてきてもらった義理があるなどとは思ってもみなかった。

ファイ・ベータ・デルタは、僕の入学する前の年二つの派閥がフラタニティを分裂させてしまい、すんでのところで潰れるところだったらしい。ダンスパーティをやったり、そのあと車の中で女の子とふざけたりする社交派の連中がいるかと思うと、一方にはダンスなどに目もくれずに勉強ばかりしているガリ勉派が控えていたのだ。

僕が入会する直前に彼らは大集会を開いて話し合った結果、両派が大きく歩みよりお互いに助け合うことに決めたらしい。会員はみんな何点か以上の平均点は維持しなくてはならない、もし成績が下がった学生がいたら、ガリ勉組がこれを教えて勉強を助ける。一方、会員は必ず毎回ダンスパーティには参加する義務がある。デートの相手がみつからなければ、社交派がそれを見つけてやる。もしガリ勉組がダンスもできない場合はダンスも教える、という調子だ。何のことはない、一派の学生が他派の学生に考えることを教え、他派の連中は相手の連中に社交を教えるという取り引きだ。

このルールは、あまり社交的でない僕にとってはたいへんありがたかった。僕は生れつき恥かしがりやだ。郵便を出しにいく途中の階段に、上級生が女の子たちといっしょにたむろしていようものなら、足がすくんで立往生するしまつだった。そのうえ「あら、あの子ちょっとかわいいじゃない」などと女子学生が言おうものなら、逃げだしたいような気がしたものである。

二年生の連中がガールフレンドや、そのまたガールフレンドを連れてきて、僕らにダンスを教えてくれたのはそれから間もなくのことだ。だいぶんあとになって車の運転を教えてくれた学生もいた。彼らは一所懸命頭でっかちの僕らをリラックスさせ、社交的になるよう助けてくれたし、僕たちも勉強の点で彼らを助けたわけだが、この助け合いは大成功だった。

とはいえ、僕には「社交的」とは本当はどういう意味なのか、どうもよくわからなかった。このプレイボーイたちが女の子に会う術を教えてくれて間もなく、僕が一人レストランで食事をしていたら、かわいいウェイトレスがいる。やっとのことで勇気をふるいおこし、この次のフラタニティのダンスパーティに誘ったところ、「ええいいわ」と言ってくれた。

フラタニティに戻ってみんながワイワイ次のダンスのデートの話をしているとき、僕はもう自分でデートの相手をみつけたから今度は厄介にならないよ、と得意になって報告した。

ところが僕のデート相手がウェイトレスだとわかると、上級生たちは愕然とした。そして、それは絶対だめだ、僕たちでもっと「ちゃんとした」デート相手をみつけてやると言いはじめたのだ。まるで僕が堕落したか、とんでもないへまをやらかしたとでもいうような口ぶりだ。結局彼らは、任せておけとばかり、かのレストランに出かけていってウェイトレスにデートをあきらめさせ、別なデートの相手を探してきた。こうしてこの「気まぐれ息子」の僕を教育したつもりらしいが、彼らの考え方は間違っていたと僕は思う。もっとも僕はそのときはほやほやの新入生だったから、自分の選んだデートに水をさされても、それに反対するだけの勇気はまだなかった。

フラタニティにはまったくさまざまな「新入生いじめ」があった。あるとき僕たちは目かくしをされてはるばる町外れに連れていかれ、冬の最中凍てついた湖のそばに一〇〇フィートおきくらいに立たされて、置き去りをくったこともある。周りには一軒の家もなく、目印とて何もない。まったく見たこともないところだ。そこから自分たちで何とかフラタニティまで戻らなくてはならないという趣向である。僕たちは皆なんといっても若かったから、こわさのためあまり口もきけなかったが、ただ一人モーリス・マイヤーという奴がいて、「ハハハ。心配することないよ。面白いじゃないか！」といった調子で、冗談言ったり下らない語呂合せなどやったりする。僕たちはだんだん腹がたってきた。こっちがこんなに心配して何とか道をみつけようと、苦心惨憺しているというのに、モーリスは笑いとばしながら後からぐずぐずついてくるのだ。

めちゃくちゃ歩いているうち、湖の近くの十字路までたどりついたが、まだ家一軒あるでなし、人っ子一人通らない。そこでどっちに行こうかと僕たちが相談していると、モーリスがやっと追いついてきて、「こっちだ、こっちだ」と言う。

「お前何でそんなことがわかるんだ！」と僕たちはすっかり怒ってしまった。「冗談ばっかり言いやがって。何でこっちに行けばいいんだよ？」

「何でもないことさ。この電信柱を見てごらんよ。電線がたくさん行ってる方がセントラルステーションの方だろう？」

モーリスの奴、とぼけた顔をしていたくせに、大事なことに気がついたもんだ。おかげで僕たちはそのあと全然迷わず町にたどりついたのだった。

その翌日には大学全体の新入生対二年生のマデオ(泥の中で取っ組み合いや引っぱり合いをするゲーム、マッドとロデオの合成語)があることになっていた。その晩遅くなってから(僕らのフラタニティの連中を含めた)二年生たちが、僕たち一年生のところに押しかけてきた。一年生を誘拐してへとへとにし、次の日のマデオで負かそうという魂胆らしい。

新入生どもはみんなわりと簡単に縛られたが、僕だけは、弱虫といわれるのがいやさにめちゃくちゃに暴れた。(というのは僕はスポーツがぜんぜん苦手で、テニスのボールなどが垣根を越えて僕の方にとんできたらどうしようといつもびくびくしていたくらいなのだ。投げ返そうにも僕が投げれば、垣根を越えるどころかとんでもない方向にとんでいってしまうからだ。）今まで弱虫で通っていた僕は、ここここそ名誉挽回のまたとないチャンスだと思ったのだ。（自分では無我無中だったが）暴れ方を知らないと思われるのも癪だから全力をふるって、猪みたいに暴れたせいで、僕を縛りあげるのに二年生が三、四人かからなくてはならないありさまだった。二年生の連中は、僕たちをがんじがらめに縛りあげると、林の中の一軒家に連れていき、僕たちを縛った縄を木の床にでかいU型の釘でうちつけて、文字通り釘づけにしてしまった。

僕は何とかして逃げ出そうとさんざん苦心したが、二年生の番人が見張っていてとても騙せない。今でもはっきり覚えているが、新入生の中に一人だけあまりこわがるので、さすがの二年生も釘づけにできない学生がいた。彼の顔といえば黄色がかった土色で、ガタガタふるえ通しである。あとでわかったことだが、この男はヨーロッパから来た学生で、その頃（一九三〇年代の初め頃）のヨーロッパでは、誘拐や拷問などが本気で横行しているのを見てきただけに、こうして縛られたり床に釘づけになったりするのがただの冗談とは夢にも思わなかったのだ。まったく無理もないことである。その恐怖にゆがんだ顔は見るのもおそろしかった。

夜が明ける頃には、二〇人の新入生に対し、二年生の番人は三人しかいなかったらしいが、この三人がわざと代る代る車で出たり入ったりするので、これが同じ顔ぶれだと知らない僕たちには、いかにも大人数に見えてとうとう手も足も出なかった。

その朝、たまたま僕の両親が、息子の僕がどんな生活をしているのかボストンまで見にやってきた。フラタニティの上級生どもは、誘拐が終わって僕たちが帰ってくるまで、何かと口実を作っておやじ達をひきとめていたものらしい。さてやっと帰ってきた僕は、寝不足のうえ逃げようとしてもがいたり暴れたりしているから、髪はぼうぼう、服も顔も汚れて目も当てられない。おやじもおふくろも我が子のＭＩＴにおけるこの姿には肝をつぶしたらしい。

おまけに僕はこの騒ぎで首をちがえてしまった。その午後、予備将校訓練隊の検閲のとき、直立不動のつもりでも首をまっすぐ前向きにできなかったことを覚えている。すると指揮官がやってきて、僕の首をつかむと、「前向け！」とばかりねじった。一瞬僕は顔をしかめたが、首といっしょに肩まで回って妙な格好に突き出てしまった。

「しかたがないんであります！」

「あ、こりゃすまん」と指揮官はすまなそうにあやまった。

とにかく縛られまいと、さんざん暴れたのが効を奏して僕はえらく有名になり、そのあとは弱虫などということにいっさい煩わされずにすむようになったので、その安堵感たるや大きかった。

僕のルームメイトは二人とも最上級生だったが、僕はこの二人が理論物理を勉強しながらいろいろしゃべっていることを、よくそばで聞いていた。ある日のこと、この二人が僕にはあっさりわかるようなことを、必死で解こうと苦闘しているので、つい「あのバロナライの方程式を使ったらどうかな」と口を出してしまった。

「何だって？」と二人は叫んだ。「何のことを言ってるんだい？」

そこで僕は自分がどの方程式のことを言っているのか、この場合それがどう活用できるかを説明しているうち、この問題が自然に解けてしまった。その式はベルヌーイの方程式というものであることはあとでわかった。僕はこのことを百科辞典で読んだだけで、人とこれを論じたりしたことがなかったので、何と発音すればいいのか知らなかったのだ。

とにかく僕のルームメイトたちはすっかり興奮してしまった。そしてそれからというもの、物理の問題を論じるときは、いつも僕を仲間に入れてくれるようになった。(いつでもこううまくいったわけではないが。）翌年僕がこのコースをとったときには、一人どんどん先に進んでしまったのは言うまでもない。ああやって上級生の問題をやったり、方程式の名前の発音を習ったりしたのは、とてもいい勉強だったと思う。

火曜日の夜になると、僕はよくレイモー・アンド・プレイモアという、ダンスホールが二つつながったところへでかけていった。僕のフラタニティの連中は、このようなオープン(一般公開)ダンスにはやってこず、ちゃんと正式に紹介された上流階級の女の子を連れてきて催す自分たちのパーティにしか出席しない。しかし僕は、自分の相手がいつどこで出会った、どんな家柄の女の子であるかなどということはどうでもよかったので、フラタニティの仲間には反対されても(その頃には僕も三年生になっていたから、誰も僕をとめるわけにはいかなかった)平気でいろんなダンスに出かけていっては大いに楽しんだ。

あるときこのダンスホールで僕は同じ女の子と二、三回続けて踊ったことがあった。あんまり口をきく機会がなかったが、そのうち彼女の方から「ハァタ、ハンフ、ヒョウゥネ」と言う。

何のことだかさっぱりわからなかったが、どうも彼女、うまくものが言えないらしい。何となく「あなた、ダンス上手ね」と言ったような気がしたので、僕は「ありがとう。光栄です」と答えた。一曲終わって僕たちは、彼女の友だちとそのパートナーが座っているテーブルへ戻って四人で腰を下ろした。驚いたことに娘の一人は耳が遠く、もう一人はほとんど耳が聞えなかった。だから二人の話はすばやい手話で、これにときどき唸り声の合の手が入る。それでも僕はぜんぜん平気だった。彼女はダンスがうまいし、いい人なんだからほかのことなどどうでもよかった。

何曲か踊ったあとテーブルに戻ると、二人はまたもや身振り手振りで長いこと話のやりとりをしたあげく、僕に向かって何か言った。どうもどこかのホテルに連れていってくれと言っているらしい。

僕はもう一人の男性の意向をたずねたが、彼は「いったいホテルに何しに行くんだ?」と尻ごみしている。

「僕だって知るもんか。あんまりこみいった話をしたわけでもなし。」

別に知る必要などありはしない。何が起こるのか未知のことを期待する方が、よっぽど愉快だ。これこそ冒険というものじゃないか。

相手の男は不安がって断わったので、僕は一人でこの二人の女の子をタクシーに乗せ、言われた通りのホテルへ行ってみた。するとおどろくなかれそこでは聾唖者のダンスパーティが催されていた。みんなクラブの会員らしいが、ほとんどの人が耳は聞えなくても、リズムは感じるらしく、ダンスもできるし一曲終わるごとに拍手もする。実に面白かった。僕はまるで外国にいて、その国の言葉を一言もしゃべれないような気持ちだった。むろん僕はしゃべれても、聞える人がいないのだ。皆が皆お互いに手話でやりとりしているから、僕には何のことかさっぱりわからない。とうとう連れの娘に少し手話を教えてもらったが、ちょうど外国語を面白半分に習うようなものだった。

ここに集まっている連中はお互いにくつろいで、とても楽しそうに冗談を言ったり、ニコニコしたりしていて全然話が不自由なようには見えない。他のどの言語とも別に違いはないが、ただ違うところは、みんな手話で話しながら、常に周りを見まわすことぐらいだ。この理由はあとになってわかった。つまり誰かほかの人が、話に割って入ろうとしたり、そばで何か言おうとしても、普通の人のように「ねえ、おいジャック」などと呼びかけるわけにはいかない。手でサインするだけだ。だから話しながら周囲を見まわしていないと、見落してしまうわけだ。

この連中は本当に遠慮も屈託もないようすだった。この場に気持ち良くとけこめるかどうかは、こちら次第だ。こういう経験は得がたいものだと僕は思う。

えんえんと続いたダンスもとうとう終わったので、みんなでカフェテリアによることになった。欲しいものを指でさして注文するのが彼らのやり方だ。誰かが僕の連れの娘に「どこから来てるの？」と手話で問いかけると、彼女は「ニューヨーク」と手話で答える。僕はこっちに向かって一人の男が「グッド・スポーツ!(君、いいところあるじゃないか)」とサインを送ってきたのを今でもよく覚えている。これを言うのに彼はまず親指を立てて見せ、「スポーツ」と言うには空想上の背広の衿を両手で握るかっこうをした。なかなか気のきいたシステムだ。

にぎやかに冗談を言いながら、彼らは僕まで仲間に引き入れてくれた。そのうち僕はミルクが飲みたくなり、注文しにカウンターのところへ行った。声を出さず口の形だけで「ミルク」と言ってみたが店の男はさっぱりわからない様子だ。手まねで両こぶしを乳でもしぼるように動かして見せたが、それでもだめだ。とうとうミルクの値段の書いてある紙を指さしたが、てんで通じない。そのとき近くに立っていた人がミルクを注文したので、これを指さすと、「ああ、ミルクか」とわかったので僕はうなずいてみせた。そしてミルクを受け取りながら、「どうもありがとう」と今度は声を出して言ったところ、店の男は「ふざけた奴だな」と言ったが顔は笑っていた。

MIT時代、僕はいろいろないたずらをするのが好きだった。あるとき製図のクラスで、一人の学生が雲形定規(変てこな波形で、曲線を描くのに使うプラスチックの定規)を取りあげて、「この曲線に何か特別な公式でもあるかな?」と言った。僕はちょっと考えてから「むろんだよ。その曲線は特別な曲線なんだから。そらこの通り」と雲形定規をとりあげて、ゆっくり回しはじめた。「雲形定規って奴は、どういう風に回しても、各曲線の最低点では、接線が水平になるようにできてるんだよ。」

こうなるとクラスの連中が一人残らず自分の定規をいろいろな角度に持ち、この一番低い点に鉛筆をあてて回しはじめた。そして確かに接線が水平だということにはじめて気がついたのである。みんなこの「発見」に沸き立ったが、誰もがとっくにかなり進んだところまで微積分をやっていて、「どんな曲線についても、極小点(最低点)での導関数(接線)はゼロ(つまり水平)である」ということは知りぬいているはずなのだ。ただそれを実際に当てはめてみることができなかっただけだ。言うなれば、自分の「知っている」ことすら知らなかったということになる。

これはいったいどうしたことなのだろう？　人は皆、物事を「本当に理解する」ことによって学ばず、たとえば丸暗記のようなほかの方法で学んでいるのだろうか？これでは知識など、すぐ吹っとんでしまうこわれ物みたいなものではないか。

その四年あと、プリンストンにいたとき、アインシュタインの助手で寝ても起きても重力ずくめのような経験豊かな男と話していて、これと同じようないたずらをしたことがある。僕は彼に次のような問題を出してみた。ロケットに時計を積んで発射する。一方、地上にも時計があり、この地上の時計がちょうど一時間の経過を示したときに、このロケットは戻ってこなくてはならない。さてロケットが地上に戻ってくるとき、ロケット上の時計はなるべく進んでいてほしいのだが、アインシュタインによると、重力の場において高いところにいればいるほど、その時計は速く動くということだから、ロケットが高く上がればその時計も速く動くはずだ。しかしあまり高く行きすぎると、この場合ちょっきり一時間しかないのだから、大急ぎで動く必要がでてくる。するとこのスピードが時計を遅らせることになる。だからあんまり高く上がり過ぎるわけにもいかない。問題は、ロケットの時計で測った時間を最大にするためには、どのようなスピードと高度のプログラムを組めばよいかということだ。

このアインシュタインの助手は必死でこの問題を解きにかかったが、答が物体の実際の運動にあるということに気がつくまで、かなり長い時間がかかった。何かを普通に打ちあげ、これが上がって下りてくるのが一時間とすればこれは正準運動だ。これがアインシュタインの重力理論の基本原理じゃないか。つまり、いわゆる「固有時間」(運動物体に積んだ時計で測った時間)は実際におこる運動において最大値をとる、ということが！　ところが僕がこの定理をロケットと時計の例にして出してみたら、彼にはこれが見分けられなかったというわけだ。これでは例の製図のクラスの連中同然ではないか。しかもこの男の場合は、経験の足らない一年生とは話が違うはずだ。とすると相当に教養を積んだ人の中でも、こういうひよわな知識は珍しくないものとみえる。

僕が三年生か四年生の頃だったか、よく一人でボストンのあるレストランで食事をしたものだ。幾晩かぶっつづけに行くこともあった。だからすっかり顔なじみになってしまい、係のウェイトレスもいつも同じ人がつくようになった。

見ていると皆いつも忙しげに、せかせか走りまわっている。そこで僕はからかってやるつもりで一〇セントのチップを(その頃では普通の額)五セントずつ二つのコップの下におくことにした。ただしただのコップではなく水のいっぱい入ったコップだ。二つのコップに水をなみなみと注いで、この中に五セント硬貨を一つずつ落し、カードを上にかぶせ、コップごと逆さにしてテーブルの上においたのだ。そしてそうっとカードを引き抜けば(コップのふちはテーブルにぴったりついていて空気の入る余地はないから、水がこぼれだす心配はない)これで準備完了だ。

チップをコップ二つの下においたのは、彼らがいつもせかせかしているからだ。もし一〇セント硬貨をコップ一つの下におけば、ウェイトレスは早く片づけて次のお客を座らせようとして急いでいるから、コップをさっさとどけて水がこぼれても、それだけのことになる。しかし一回それをやって、次にもう一つコップがあればいったいどうするだろう？　いくらなんでも今度は水がこぼれることを承知でコップを動かす勇気はあるまい。

レストランを出てゆくとき、僕は係のウェイトレスに「スー、君気をつけた方がいいよ。君の出してくれたコップは何だか変てこだぜ。上が開いてなくて底に穴があいてるんだから。」

次の日来てみると、新しいウェイトレスが僕の係になっていて、スーはもう見向きもしてくれない。

「スーはあなたのこと、ずいぶん怒ってるのよ」と新しいウェイトレスが教えてくれた。「コップを一つ持ちあげて水がそこら中にこぼれたんで、スーはボスをよんだの。それで二人で二番目のコップをどうしようか考えてはみたんだけど、一日中そんなことにかかずらわっていられないでしょ。それでまたコップを持ちあげて床にまで水がこぼれて、もうびしょびしょよ。おまけにスーったらあとでその水のところで滑るし、さんざんだったの。もうみんなカンカンよ。」

僕は大笑いをしたが、このウェイトレスは笑わず、「冗談じゃないわよ、まったく！　人の身にもなってごらんなさい。あなただったらいったいどうするつもり？」と言った。

「僕だったらスープ皿を持ってきて、コップをテーブルの端まですべらせてくるよ。そうすれば水はスープ皿に入って、床になんかこぼれないだろう？　そうしておいて五セントをとりだすよ。」

「あら、それはいい考えだわ」と彼女は感心した。

その晩僕は逆さにしたコーヒーカップの下にチップをおいていった。

次の晩来てみると昨日と同じウェイトレスだ。

「あなたはきのうの晩何でカップを逆さにしていったの？」

「だからいくら君が忙しくたって、奥にスープ皿をとりに行かなきゃならないだろう？　それからそうっとカップをテーブルの端までずらせると……」

「だって私その通りやったのよ」と彼女は不平顔で言った。

「だけど水なんてちっとも入ってやしなかったじゃないの！」

僕のいたずらの中では、僕がフラタニティでやったいたずらが傑作中の傑作だったと思う。ある朝僕は早く目がさめてしまった。五時頃だったか、とにかくそれからもう眠れなくなってしまった。階下に下りていってみると、「ドアよ、ドア。ドアを盗んだのは誰だ？」などと書いた紙片が糸で吊してある。よく見ると誰かがドアを蝶《ちょう》番《つがい》のところで外したものらしく、そのドアのあとに、もともとついていた「ドアを閉めてくれ」というサインが吊してあった。

これが何のことだか、僕にはたちまちのみこめた。このドアのあった部屋には、ピート・バーネーズという学生が二人のルームメイトといっしょに住んでいたのだが、三人ともすごい勉強家で、まわりはいつも静かでなくてはならない。探しものや宿題のことなどで、この部屋に入っていこうものなら、必ず出るときに「ドアを閉めてくれ！」とどなられるのだ。

おそらくこれにいい加減嫌気がさした誰かが、ドアをとってしまったものとみえる。ところがこの部屋には一つだけでなく、建て方の具合でドアが二つついていたのだ。そこで僕はうまいいたずらを思いついて、残るもう一つのドアを外すと、地下室のオイルタンクの後ろに隠した。そしてそっと二階の寝室に戻り、何くわぬ顔で寝てしまった。

その朝、僕はわざと寝過したことにして、少しおくれて下に降りていった。するとみんなが下で右往左往している。そしてピートと彼のルームメイトたちはカンカンに怒っていた。部屋のドアは二つともどっかに行っちまうし、勉強はしなくちゃならない、云々とまくし立てている。僕が階段を下りてくると、彼らはさっそく、「おいファインマン。僕らの部屋のドアを外したのは君か？」とどなった。

「おう、やったやった」と僕は答えた。

「ドアを取ったのは僕さ。ほれ、僕のこぶしのところに擦り傷があるだろ？　地下室に持っていくとき壁にぶっつけてこすったんだ。」

ところが彼らはこんな答では気がすまないらしかった。気がすまないどころか、僕の言ったことなど頭から信じやしないのだ。

最初のドアを外した連中は、あまり証拠をたくさん残していたので(例えば筆蹟など)すぐ見つかってしまった。僕は、もう一つのドアがなくなったとわかれば、必ずまた彼らが疑われるだろうと思ったのだが、まったくその通りになった。第一のドアを外した連中は、みんなに小突かれるやら「拷問」されるやら、さんざんどつかれたあげく、信じてはもらえないかもしれないが、自分たちが外したのは誓ってドア一つなのだということを、やっとのことでみんなに納得してもらったのだった。

僕はそばで聞いていておかしくてしかたがなかった。その後もう一つのドアは、まる一週間というもの見つからないままだったが、こうなるとその部屋で勉強しようとしている連中にとっては、ドアがいよいよもって最大の関心事になっていった。

とうとうこの問題を解決しようというので夕食のとき、フラタニティの会長が立ちあがった。「どうしてもあのドアの問題を解決しなくちゃならん。ピートたちはとにかく勉強しなくてはならないんだ。僕一人の手には負えないからみんなの意見を聞きたい。」

二、三人から意見が出た後、僕がおもむろに立ちあがり「さてさて」と皮肉たっぷりに提案した。

「あのドアを盗んだ奴は誰か知らないが、あっぱれな奴だ。まったく君は頭が良い。みんなでこれだけ知恵を絞っても君が誰だかわからないところをみると、君はどうやら超天才のようだ。なに、何も名乗り出ることたあない。僕らの知りたいのはドアのありかだけだ。何人にもわからぬようにドアを盗めるだけの頭の良さは永久の尊敬に値する。とにかく頼むからどこかに手がかりを書いておいてくれ。そうすれば僕らは一生、ありがたく感謝するであろう。」

次の学生は「僕に良い考えがある」と言いはじめた。「会長が僕たち一人一人に、フラタニティの名誉にかけて、ドアをとったかどうか答えさせたらどうだろう。」

会長は喜んで「それはまったく良い考えだ。フラタニティの名誉にかけてだぞ！」と叫ぶと、テーブルの端から一人一人にききはじめた。「ジャック、君はドアを盗んだか？」

「いいえ、僕は盗みません。」

「ティム、君はドアを盗んだか？」

「いいえ、僕はドアを盗んでいません！」

「モーリス、君はドアを盗んだか？」

「いいえ、僕はドアを盗りはしません。」

「ファインマン、君はドアを盗んだか？」

「ええ、僕がやりました。」

「ふざけるなよ、ファインマン。真剣なんだぞ、みんな。」

「サム。君はドアを盗んだか？」……という調子でテーブルを一回りした。そして一同しゅんとなってしまった。みんなの中にフラタニティの名誉を屁とも思わない奴が一人いるのだ！


その夜、僕はオイルタンクとその横にあるドアを描いた小さな画を置いておいたので、次の日みんなはドアをすぐに探し出し、もとの通りにはめこんだのだった。

ずっと後になって僕があのドアを盗んだ犯人であることを認めると、嘘つきだといって皆に非難された。誰一人、僕があのとき何を言ったかを覚えている者はなく、記憶にあるのは、会長がみんなに一人ずつきいたのに、誰もドアを盗ったのを認めなかったという、自分たちのごく大ざっぱな結論だけだった。その要点は覚えていても、実際の言葉自体は覚えていなかったわけだ。

人はよく僕のことをふざけた奴だと思っているらしいが、僕はだいたい正直なのだ。ただ正直であるその在り方が人と違うおかげで、信じてもらえないことがしょっちゅうなのだ。

ラテン語？　イタリア語？

　ブルックリンには僕が少年時代しょっちゅう聴いていたイタリア語のラジオ局があった。イタリア語の巻舌の音が、僕の上をおだやかな波みたいにころがっていくのを聴いていると、まるで海の中にでもいるような気がしてくる。海とはいえ、決して荒い波ではない。だから僕はじっと座って美しいイタリア語の波に揺られながら陶然としたものだった。このイタリア語番組には、よく父親と母親が何ごとかを相談したり、言い争ったりするような家庭劇がある。まず甲高い声が「ニオ、テコ、ティエット。カペトトゥットト」などと言うと、今度は手をぱちんと打つ音とともに低いだみ声が、「ドロ、トネパラ、トゥット！」とどなる。

　まったく痛快なのだ。僕は泣いたり笑ったり、自分のでたらめイタリア語に喜怒哀楽の感情をたっぷりこめた声色を使うことを覚えた。イタリア語は、ほんとうに美しい言葉なのだ。

ニューヨークでは僕の家の近くに、イタリア人がけっこうたくさん住んでいた。あるとき僕は自転車に乗っていてイタリア人のトラック運転手にどなられたことがある。彼は運転席からうんと乗り出すと、ジェスチャーたっぷりに「メ、アルッチャ、ランペ、エッタ、ティッチェ！」てな具合にどなった。

いったい何を言ったのだろう？　僕は自分がちっぽけな虫けらのような気がした。さて何と言い返してやったものか？

学校でイタリア人の友だちにきくと、「アテ！　アテ！　と言えばいいんだよ。つまり「お互いさまだ」って意味さ」と教えてくれた。

僕はすっかり嬉しくなってしまった。「アテ！　アテ！」とむろんジェスチャーもいれてやればいいのだ。それからというもの僕はたいそう自信を得たが、それだけでは気がすまず、さらに僕のイタリア語にうんと磨きをかけた。たとえば自転車に乗っているとき、誰か女の人の車でも前にいて邪魔になりでもしたら、「プッツィア、ア、ラ、マロッチェ！」とか何とか言えば、彼女はたちまち身を縮めること必定なのだ。イタリア人の悪童に、おそろしい呪いでもかけられたと思うのだろう。

しかも僕のイタリア語がでたらめとは、なかなかわかりにくいものらしい。一度などプリンストン時代、自転車でパルマー研究所の駐車場に入っていこうとしたら、邪魔になるものがいる。つい習慣で派手なジェスチャーとともに「オレッツェ、カボンカ、ミッチェ！」と片手の甲をもう一方の手でぴしゃりとやりながらどなった。するとはるか向こうの長い芝生に何か植えていたイタリア人の庭師が、手を止めて嬉しそうに手を振り、「レッツェ、マリッツァ！」と叫んだではないか。

そこで僕も負けずに「ロンテ、バルタ！」と挨拶を返した。どうも向こうは僕がぜんぜんイタリア語を知らないとは気がつかないらしい。僕の方だって彼が何と言ったのか、てんでわかっていないし、彼も僕が何を言ったのか知りはしないのだ。それでもちっともかまわない。ちゃんと通用するんだから実に痛快だ。

とにかく抑揚さえ聞けば、誰でもすぐにイタリア語だとわかるのだ。ローマ弁でなくてミラノ弁だと思うのかしらないが、そんなことは知ったこっちゃないのだ。とにかくイタリア人だと思ってくれるのだ！ 僕は嬉しくてたまらなかった。しかしこれは絶大な自信なくしてはできない。堂々と平気でやっていれば、絶対ばれはしないのだ。

あるとき休暇で家に帰ってきたら、妹が何となくメソメソしている。ガールスカウトで父娘の夕食会があるというのに、おやじは制服のセールスに出張していて出席できないというのだ。そこで兄貴の僕がおやじの代理を買って出ることになった。（僕は妹より九歳も年上なのだから、それほどおかしくはない。）

会場について僕は父親たちの中に混って座っていたが、じきうんざりしてしまった。かわいい娘たちをこの夕食会に連れてきているというのに、このおやじたちは株相場の話ばかりしている。自分たちの子供と話をすることすらできないこの連中は、子供の友だちの親などとは何を話していいかもわからないのだ。

この夕食の間少女たちは詩の朗読をしたり寸劇をやったりして父親たちをもてなしたが、そのうち突然てっぺんに頭を入れる穴のある変てこなエプロンみたいなものを持ち出してきた。そして今度はお父さんたちが娘たちを、もてなす番だというわけだ。そこで父親たちは、しかたなく一人一人立っては、このエプロンの穴に頭を入れて何かを言わなくてはならない。ある父親などは「メリーさんの羊」の詩を暗誦したりしたが、とにかくてんで能のない連中ばかりだ。僕とて何をしたものかわからないまま立ち上がったが、舞台に上がるまでには腹もきまったから「ちょっとした詩を暗誦することにします」と言った。「英語でなくて残念ですが、きっと楽しんでいただけることと思います。」

「　ア　タッツオ　ラント

——ポイツィ　ディパレ

タント　サッカ　トゥルナ　ティナ　プッタ　トゥッチ　プッティ　ティラ。
ラント　カッタ　チャント　チャンタ　マント　チラ　ティダ。
ヤルタ　カッラ　スルダ　ミ　ラ　チャッタ　ピッチャ　ピノ　ティット　ブラルダ。
　ペテ　チッナ　ナナ　チュンダ　ララ　チンダ　ララ　チュンダ！
ロント　ピティ　カッレ　ア　タント　チント　クインタ　ラルダ
オラ　ティンタ　ダラ　ラルタ　イエンタ　プッチャ　ララ　タルタ！」

この調子で三節か四節、イタリア語放送で聴いた通り感情をたっぷりこめて唱えた。少女たちはもう笑いが止まらず、お腹をかかえ、通路を転げまわって笑いこけている。

夕食会が終わってからスカウトリーダーと学校の先生が僕のところにやってきた。僕の暗誦した詩のことをあれこれ話し合ったのだが、一人はイタリア語だと思い、もう一人はラテン語だと思って一向に決まらない。先生の方が「それで、どっちが当っているんでしょう？」とたずねた。

僕は「それだったらあの少女たちにきいてください。みんな何語だか、すぐにわかったようですから」と答えた。

逃げの名人

ＭＩＴ時代の僕は、科学一点ばりで他に得意なものといっては何一つなかった。ところがＭＩＴには、学生の視野をひろげるため、人文系の講座もとらなくてはならないという規則がある。英文学は必修だ。そのほかに選択課目が二通りあった。その一覧表に目を通すと天文学がある。天文学が人文科目とはおそれいったが、とにかくその年はこれでうまくお茶をにごした。翌年また例の一覧表の下の方に目を通すと、フランス文学などという講座がずらりと並んでいる。こういう奴はどんどんとばしてなおも見ていくと、哲学というのがあった。表の中ではこれが一番科学に近そうなので、しかたなくこれをとることにした。

この哲学のクラスの顚末は後まわしにして、英文学のクラスのことを先に話そう。僕たちはこのクラスで「テーマ」(論文みたいなもの)を書かされた。例をあげると、ミルが自由について書いたことに対し、僕たちが分析批判をしなくてはならないのだ。

このとき僕はミルのように政治的自由について述べるかわりに社交の場での自由を論じることにした。社交の場では礼儀のために、嘘やうわっつらのみせかけまでが必要となることを僕はまず指摘した。そしてこのように絶えず猫をかぶっていることが、ひいては「社会の道徳組織の退廃をもたらす」ことになるのではないかと述べた。面白い問題点であることは確かだが、むろんこのクラスで論じるべきテーマとは全然関係がない。

　そのほかハックスレーの『一片のチョークについて』という一文についても批評を書かされた。こうして今彼が手にしているただのチョークも、実はといえば動物の骨のなれの果てである。これが地球の内部の力で押しあげられて白い崖になり、のちに採掘されてこうしてチョークとなった。そしてこの一片のチョークは黒板にものを書くことを通し、思考というものを伝える道具となっている、という有名なエッセイだ。

　このときも僕はこのエッセイの批評の代りに『一片の埃について』という諷刺文を書き、その中で、埃こそ夕日に色をつけ、水分を凝結させて雨を作るのだ等々と、大いに論じた。僕はいたずら者で、いつも何とかうまく逃げることばかり考えていたのだ。

　ここまではよかったが、ゲーテの『ファウスト』がテーマの題になったときはもう絶望だった。第一この話は長すぎて、とても諷刺文などでお茶をにごすわけにはいかない。僕はえらい勢いでフラタニティの中を行ったり来たりしながら、「だめだ、とてもできるもんか！　僕はやらないぞ、こんりんざいやるもんか！」と口走っていた。するとフラタニティの仲間の一人が、「よし、ファインマン、君はテーマを書かないんだな。だが何もやらないと、努力するのがいやでやらないんだと教授に思われるぞ。何でもいいから同じ字数のテーマを書けよ。そしてそのあとに、ファウストがどうしても納得がいかないし、どうも性に合わない。だからテーマが書けない、と添え書をつけて出すんだ」と言う。

僕はこの忠告通りに『理性の限度について』という長いテーマを書いた。この中で僕は、長いこと諸問題の科学的解決法やその限度について考えたが、道徳上の価値というものは、決して科学的方法で決められるものではない……というようなことを論じた。

すると今度は別な奴が、「そりゃだめだよ、ファインマン」と言いはじめた。「ファウストとぜんぜん関係ないようなテーマなんか出したってだめだ。そこまで書いたそのテーマを、ファウストに何とか当てはめちゃえ。」

「そんな乱暴な！」と僕は呆れたが、他の連中は皆これが良い考えだという。

「わかった、わかったよ」と僕はしぶしぶ同意した。「まあやってみるよ。」

そこで僕は今まで書いた上にもう一ページほど追加して、メフィストフェレスは理性を、ファウストは魂を象徴している。そしてゲーテは理性の限度について書いているのだ、とテーマの中味と少し混ぜ合せ、うまくつないで提出した。

教授はみんなのテーマを読んだ後、一人一人呼んでは個人的にテーマを批評することになっていた。僕は最低点を覚悟で教授のところへ行った。

「序論はたいへんよろしい。だがファウスト論がちょっと短いね。この点さえ除けば非常に良いテーマだ。Bプラス」というわけで、呆れたことにここでも僕はまんまと逃げおおせたのだ！

さてこのへんで哲学のクラスに戻ろう。この講座の先生は、ロビンソンというひげを生やした老教授だったが、いつも口の中でもごもごとものを言うくせがあった。彼の授業ときた日には、一時間中何かもそもそ言っているが、何を言っているのかさっぱりわからない。クラスの他の連中は僕より少しはわかったらしいが、別にそれほどちゃんと聞いている様子もない。僕はたまたま一六分の一インチぐらいの小さなきりを持っていて、退屈まぎれにこれで靴の踵にキリキリと穴を開ける。これが何週間も続いた。

ついにある日のこと、講義の終りの方になってロビンソン教授が、「もがもがふがふがもがもが」と言うとみんながとたんに沸きたった。みんな興奮してあっちでもこっちでもお互いに何か言い合ったりしている。僕はてっきり教授が何か面白いことでも言ったのだろうと察しをつけた。やれやれ助かった。それにしても何を言ったのだろう?

まわりの奴にきくと「テーマを書いて四週間後に提出しなきゃならないんだとさ」と言う。

「一体全体何についてテーマを書くんだい?」

「だから教授が今までずっと一年中話してきたことだよ。」

これには困った。この学期を通して講義でただ一つ覚えていることといったら、ちょっと声の調子を上げて「もがもがふにゃふにゃ意識の流れもがもがふがふが」と言ったあと、またへなへなと元通りの混沌たる呟きに埋もれてしまったときのことだけだ。

この「意識の流れ」という言葉を聞いて僕はずっと前に、僕のおやじが出してくれた問題を思いだした。「まずこの地球に火星人がやってきたとしよう。火星人は決して眠らず常に活動しているものとする。つまり彼らは睡眠というおよそおかしな現象を必要としないとすれば、きっと次のような質問をするに違いない。「眠りにおちるときには、どんな気持ちがするものか？　眠るということは、そもそもどういうことなのか？　君たちの思考は突然停止するのか、それともだんだんだーんだーんと速度がおちていくのか？　実際に心というものはどうやって動きを止めるのだろうか？」

これを思いだすと僕は少し興味がでてきた。この火星人の問に何とか答えてみよう。それにしてもいったい僕らが眠りにおちるとき、意識の流れは、どのようにして止まるのだろう？

それから四週間というもの、僕は毎日四時になるとこのテーマに取り組んだ。つまり部屋の窓にシェードを下ろし、電気を消して寝てしまうのである。そして眠りにおちるときどういうことがおこるのかを観察することにしたのだ。

そのうえ夜になるとまた寝たんだから、毎日二回ずつ眠ったことになる。とにかくそのたびに観察ができて非常に都合がよかった。

はじめのうちは眠りとは関係のない二次的なことばかりたくさん浮かんできた。たとえば僕は自分の頭の中で、しきりに独り言を言いながらものを考えるのに気づいたし、ものをまるで目に見るように思い浮かべることもできた。

そのうち少しくたびれてくると、一度に二つのことを考えられるのに気がついた。

これに気がついたのは、ある日心の中で独り言を言いながら何か考えると同時に、ベッドの端に綱が二本ついていて、滑車を通してぐるぐるまわるシリンダーに巻きつきながらゆっくりベッドを持ちあげていくところを何となく想像していたときのことだ。僕はそんな綱を想像していることなど、ちっとも気がついていなかった。これがもつれてベッドがスムースに持ちあがらなくなるのではないかと心配しはじめたとき、はじめてこれを意識したのだ。ここで僕は心の中で「いや、張力があるから大丈夫さ」と言った。この言葉が第一の思惟を中断して、同時に二つのことを考えていることに気がついたのだった。

また、人が眠りに落ちるとき、思惟は続いていくが、次第に論理的なつながりを失っていくものだということも悟った。これだって不意に「何で今あんなことを考えたのだろう？」と自問して、その筋道を逆にたどっていこうとして、はじめて論理的につながっていないことに気がついたのだ。たいていの場合、いくら逆戻りしても一体全体何から始まってこんなことを考える結果になったかなど、てんでわからないのが普通だ。

いかにも筋道立ってつながっているようでいても、考えはだんだん支離滅裂になってゆき、ついには完全にバラバラになって、それを過ぎると眠りにおちることになる。

こうして四週間もの間、昼も夜もグウグウ眠ったあげく、僕はずっと観察してきたことをまとめてテーマを書きあげた。そしてその結びに、こうした観察は僕が眠りにおちる自分を注目している間にしたものである。だから注目していないときに起こったことは、はかり知れないということも指摘した。そしてこうした自己観察に関する問題を表わす次のような詩でこのテーマを結んだのだった。

「なぜだろう。なぜだろう。
なぜ、なぜだろうと思うのだろう。
なぜだろうと思うのはなぜだろう。
なぜ、なぜだろうと思うのだろう。」

こうして僕たちは皆テーマを提出したが、その次の時間に教授がその一つを朗読してきかせてくれた。最初のやつは、「むにゃむにゃ、もがむにゃむにゃ。」これではいったい何が書いてあるのか、さっぱりわかりはしない。

教授はまた一つテーマを出して読みはじめた。「もがもが、むにゃむにゃ、もがもが。」これも何のことだかてんでわからない。ところがその終りに

「なあむにゃむにゃ。なあむにゃむにゃ。
なあなあむにゃむにゃむにゃ。

なあむにゃむにゃとなあむにゃむにゃ。

なあむにゃむにゃ、なあむにゃむにゃ。」

「あっ! 僕のテーマじゃないか!」と僕は叫んだ。ほんとうにこの最後のところを聞くまで、これが僕のとは全然気がつかなかったのだ。

このテーマを書いてからというもの、僕はずっとこの意識と眠りのことに興味をもち続けることになった。そして絶えず眠りにおちる自分を観察する練習を続けていった。ある夜夢を見ていた僕は、その夢の中の自分を観察しているのに気がついた。僕はとうとう眠りそのものの中にまで入りこんだのだ。

その夢のはじまりでは、僕は汽車の屋根の上に乗っているのだが、見るとトンネルが近づいてくる。僕はこわくなって必死に身を伏せているうち汽車はトンネルに入った。耳がゴーッと鳴った。「なるほど。してみると僕は恐怖感も感じるし、トンネルの中での音響の変化も聴きわけられるんだな」と僕は心の中で独り言を言った。それだけではない。僕は色も見わけられるのだ。人によっては夢は黒白に決まっているなどという人もあるが、そんなことはない。僕の夢には確かに色がついていた。

いつのまにか僕は汽車の中に入りこんでいて、汽車が左右に揺れるのを感じていた。「ははあ、夢の中でも動きが感じられるんだな」とまた僕は心の中で言った。ひどく歩きにくいが、とにかくゆれる汽車の中を後ろの方に歩いていくと、店のショーウィンドウのような大きな窓がある。覗いてみると、水着姿の（マネキンではなく）本物の女の子が三人いるではないか！　なかなか良い眺めだ。

僕はそれでもどんどん次の車輛へと、頭上の吊革につかまりながら進んでいく。「待てよ。ここで性的に興奮してみるのも面白いじゃないか。とにかく後戻りして、さっきの車輛に行こう」と僕はまた心の中で言ったが、ここで回れ右して後戻りできることも発見した。つまり夢の方向もコントロールできるのだ。さてあの窓のあるところまで来てみると、三人の爺さんがヴァイオリンを弾いている。と、この三人がまたさっきの娘たちに変った。ということは夢の方向は変えることができても、完全にとはいかないということだ。「わっ！　こりゃうまくいくじゃないか！」などと心の中で言いながら、僕は知的にも性的にもだんだん興奮してきた。だがここで残念ながら目が覚めてしまった。

夢についてはほかにもいろいろ観察したが、毎度のように「ほんとうに色のついた夢を見ているのだろうか？」と自問するだけでなく、「どれだけ正確にものを見ているのだろうか？」ということも考えた。

その次の夢では、丈高く生いしげった草の中に寝ている赤毛の女の子がいた。僕はその赤い髪の毛一本一本を見ようとしたのだが、ちょうど日光が反射している、あのいわゆる回折の小さな部分の色まで見ることができるのには驚いた。一本一本の毛が、はっきり見える。完璧な視覚だ。

またあるとき、僕はドアの枠に押しピンがさしてあるのを夢に見た。この押しピンはちゃんと目にも見えたし、手を滑らせてみるとちゃんと押しピンの感触もあった。つまり僕の脳の「視覚部門」と「触覚部門」とは、ちゃんとつながっているようだ。僕は「この部門同士、別につながりがなくてもいいということがあり得るかな？」と思った。そしてもう一度ドアの枠を見ると、押しピンは影も形もない。けれども手を滑らせてみると、押しピンはまだ確かに手に触れるのだ。

またあるとき僕が夢を見ていると、コンコンとドアをノックする音がきこえる。夢の中のできごとと、このノックの音が合うようでいて何となくぴったりしない。どうも何だかよそごとのような感じなのだ。このノックの音は夢の外から来ることは絶対たしかだ。僕がこの音と合うような夢を作り出したのに違いない。「どうしても目を覚まして、どういうことなのか見てやらなくては！」と僕は考えた。

その間もまだノックは続いている。僕はやっと目を覚ました。……だがまわりはしいんと静まりかえっていて何の音もしない。どうやら外界とは関係なかったものとみえる。

人が夢の外の物音を夢の中に組み入れてしまうというのは聞いたことがあるが、僕のこの経験では、あんなに夢から離れてよくよく観察していて、絶対にノックの音が夢の外から来ているものと信じていたのに、本当はそうでなかったのだった。

こうして夢の観察をしている間、目覚めにはいつも不安がつきまとった。目が覚めはじめるとき、まるで体の上にふとんが乗っていて押さえつけられているような、体が堅くなっていて動きがとれないような一瞬があるものだ。どうも説明しにくいが、ほんの一瞬、眠りから脱出できないような、目が覚めることができそうにないような感じのするときがある。だから僕は、目が覚めてから、こんな馬鹿なことがあるもんか、普通に眠りにおちた人間が目覚められなかったなどという奇病など、聞いたこともないじゃないか、目は必ず覚めるものだ、といつも自分に言いきかせていた。そのうちだんだん不安が薄らいできて、目覚めがジェットコースターみたいにちょっとスリルのあるものに思えてきた。ジェットコースターも、だんだん馴れると少しずつ面白くなってくるものだ。

僕が夢の観察をどうしてやめたかというと(あれ以来二、三度やっただけで、ほとんどやめてしまった)、それはある夜例のごとく夢を見ながらその観察をしていたときのことだ。僕は目の前の壁にペナントがかかっているのをみて、「そうだ、確かにこの夢には色がある」とまたもや何十回目かの自問自答を繰り返した。と、僕は自分が上向きに寝ていて、真鍮の棒を枕にしているのに気がついた。頭のうしろを触ってみると、これが柔らかい。僕はそこで、「ははあ。この真鍮の棒が僕の視覚領を刺激していたから、夢の観察ができたのに違いない。この棒を頭の下において眠りさえすれば、好きなときに観察ができるんだ。だから今はこれでもうやめにして、もっと深い眠りにおちることにしよう」と思った。

あとになって目が覚めてみると、真鍮の棒など影も形もないし、僕の頭のうしろも、ちっとも柔らかくない。ということは、おそらく僕の脳が睡眠中の観察に疲れてきて、これを中止する良い口実を作りだしたのに違いなかった。

こうした観察は一つの理論を生み出した。僕が夢を観察した一つの理由は、目を閉じていて、何も外界からの刺激がないとき、いったいどうやって人の姿などのイメージを夢の中で見ることができるのだろうということに、非常に興味を持っていたことに始まる。夢とはでたらめで不規則な神経の興奮のようなものらしいという人もいるが、眠っているときに見る物のパターンには、目が覚めていて何かを実際に見たときに神経が送り出すパターンと同じようなデリケートさはない。それではいったい何で僕が眠っているとき、色や物の細部などがはっきり見えるのだろう？

　そこで僕は、脳の中に「解釈部門」というものがあるに違いないと考えた。人物とかランプとか壁とかを実際に目で見る場合、色の斑点として見えるだけではなく、頭の中の何かがあれは人だとかランプだとかいう解釈をしているに決まっている。夢を見ているときにはこの解釈部門は働いてはいるが、正確さはまったく欠けている。たとえば夢の中で、髪の細部まで微に入り細をうがって見ていると解釈はしていても、実際にはそんなものは見ていないのだ。そうしてみるとこの解釈部門は、脳にはっきりしたイメージとして入ってきた、でたらめながらくたを解釈しているのだ。

　夢についてはまだある。僕の友人にドイッチュという男がいたが、その奥さんはウィーンの精神分析学者の一家の出だった。

　ある夜、おそくまで彼と夢についていろいろな話をしたことがある。彼は夢にはちゃんとした意味があって、精神分析でその夢が何を象徴しているのかが解釈できるものだと言った。僕はそんなことはあまり信じなかったが、不思議なことにその夜面白い夢を見た。僕たちは、三個のボールで球つきのゲームをやっていた。白、緑、灰色のボールである。そしてゲームの名は「ティッツィ（おっぱい）」というものだった。このボールを、球つき台の隅のポケットにうまく入れるゲームだ。白と緑のボールはわけなく入っていくのに、灰色のは何回やってもだめだ。

目が覚めてからこの夢は簡単に分析できた。第一、ゲームの名からして内容がすぐわかってしまう。つまり「娘っ子」というわけだ。白い球もすぐわかった。当時僕はカフェテリアのレジで働いていた、夫のある女性と、こっそりデートしていたのだが、このレジ係は白いユニフォームを着ていたのだ。緑のボールもわけなくわかった。二晩ほど前、緑色のドレスを着た女の子とドライブイン映画館に行ったことがあったからだ。だが一体全体灰色のボールは何だろう？　誰かに違いないのだが、喉まで出てきているのにどうしても思い出せない人の名前と同じで、どんなに考えてもわからない。とうとう半日もかかって、やっと二、三カ月前さよならを言ってイタリアに行ってしまった、僕のとても好きな娘がいたことを思い出した。彼女はとても良い人で、帰ってきたらまた会いたいと思っていたのだ。彼女がグレーのスーツを着ていたかどうかははっきりしないが、彼女のことを思い出した瞬間、これがあのグレーのボールだとすぐ直感したのだった。

僕はドイッチュのところにでかけていって、君の言った通り夢の分析には確かに意味がありそうだ、と報告した。ところが彼は僕の面白い夢の話を聞いても、ちっとも喜ばない。「いや、少し完璧すぎるよ。あんまりはっきりしすぎている。だいたい夢ってものは普通、もっとうがって分析しなくちゃならないもんだよ」と言うのだった。

メタプラスト社化学研究主任

ＭＩＴを卒業した夏、僕はアルバイトの口を探しはじめた。ベル研究所には二回も三回も申しこんで、わざわざ何回か訪ねていったこともある。行くたびに、ＭＩＴの実験室時代から僕を知っているビル(ウィリアム)・ショックレーが所内をあちこち案内してくれた。こうして訪問のたびにたいへん愉快な思いはしたが、結局雇ってはもらえなかった。

僕は二、三の教授に頼んで、レンズを通して光線を追跡する仕事をやっているボシュ・アンド・ロム社と、ニューヨークの電気試験場との二つに推薦状を書いてもらっていた。その頃は物理学者とはそもそも何をする人間であるかということすら知る者はなく、むろん実業界には物理学者の口なんか薬にしたくもありはしなかった。エンジニアなら大いに結構、だが物理学者となるとその使い方も知らないのだ。ところがそれから間もなくして戦争が終わってみると、これがでんぐり返ってどこでもここでも物理学者が引っぱりだこになったのは興味深い。それはさておき、この不況時代の末期、物理学者の僕がいくら職を探しても、そんなものがあろうはずはなかった。

ちょうどその頃僕はふるさとのファーロッカウェイの海岸で、幼な友達にぱったり出くわした。一一か一二の頃、同じ学校に通った仲の親友だ。僕たちは二人とも科学が大好きで、それぞれ「実験室」なるものを持っていた。だから彼とはしょっちゅう一緒に遊び、何かにつけよく話もしていた。

僕らはまた、よく化学マジックショウをやって、近所の子供たちに見せたものだった。僕の友だちはなかなかのショウマンだったし、僕もショウは好きな方だ。そこで小さなテーブルを据え、ブンゼンバーナーを両端に燃やしておいて、いろんな手品をやってみせる。バーナーにはガラスの平皿にヨードの入ったのがかけてあって、これから美しい紫色の蒸気が上がる。ショウの間中これがテーブルの両側でめらめらと立ちのぼるんだからまったく見事だ。僕らは「ワイン」を水に変えたり、化学反応で色を変える手品をいろいろやって見せる。そしてフィナーレには僕らが発見した、とっておきの秘術を披露することになっていた。まず僕が前もって(ひそかに)手を水に浸し、次にベンジンに浸す。それから「うっかりと」ブンゼンバーナーの近くに手を持っていくと、ぱっと火がつく。あわてて手をたたくと両手が燃えはじめる。(手が水で冷やされているうえ、ベンジンは燃え方が速いから、ちっとも熱くはないのだ。）そこで僕は手を振りまわしながら「火事だあ！　火事だあ！」とどなってかけまわる。と、皆総立ちになって部屋から飛び出していくところでショウが終わる……という筋書だった。

あとになって大学のフラタニティの連中にこの話をしたところ、「そんな馬鹿な！　そんなことができるもんか！」とてんで信用しない。

（どういうわけか僕はこの連中が信じないことを納得させるため、しばしばそれを実証してみせるはめになったものだ。一度など小便は重力によって体から自然に出ていくのかどうかという議論でケンケンゴウゴウとなったあげく、僕がそうでないことを実証するため、逆立ちして小便できるところを見せるしまつだった。またあるとき、コカコーラとアスピリンを一度に飲んだら、すぐさまばったり失神するもんだと言い張る奴がいた。僕はそんなのはでたらめもいいところだ、何なら実験してみてもいいよ、と言ってしまった。ところが今度は野次馬どもの間で、コカコーラを飲む前にアスピリンを飲むのか、コカコーラを飲んだすぐ後か、それともコカコーラにアスピリンを混ぜるかというので、またもや議論が尽きない。とうとう僕はアスピリン六個とコカコーラ三本、続けざまに飲むはめとなってしまった。まず手始めにアスピリン二粒のあと、コカコーラをカブカブ飲み、次にアスピリン二個を溶かしたコカコーラをまたもやぐい飲みし、最後にコカコーラを飲んで、その後でアスピリンをつまんだのである。一回ごとに僕が今にも失神することを信じていた間抜けどもは、倒れたらすぐさま抱き起こそうとばかり、まわりを取り囲んで固唾《かたず》をのんで待っている。ところがいくら待っても僕は平気で、結局何事も起こらなかった。ただその晩よく眠れなかったのは今でも覚えている。僕はしかたなく起き出して計算をやることにした。おかげでそのとき、いわゆるリーマン・ゼータ関数の公式をいくつか考え出したのだった。）

「よし来た！」と僕は言った。「まずベンジンを買いに行ってこよう。」

誰かがベンジンを持ってきたので、僕はまず流しの水に手を浸し、次にベンジンに浸しておいて火をつけた。ところがこれがめっぽう痛いではないか！　というわけは、今では僕の手の甲に毛が生えてきていたので、これが芯の作用をすることになり、燃えている間中ベンジンが毛の生えているところに止まる結果になったのだ。子供のときには手の甲に毛など生えていなかったから平気だったわけだ。もっともフラタニティの連中に、この実験をやってみせたあとは、僕の手の甲も、昔通りツルツルになってしまった。

とにかくその友だちと海岸でひょっこり出あったのだ。しゃべっているうちに彼は、プラスチックを金属でメッキする方法を作り出したことを話してくれた。僕は、電気が通らないのにそんなことができるわけがない、針金だってつけられないよ、と言ったが、彼は何でもメッキしてみせる、この桃の種だって……と今でも覚えているが、砂の中から桃の種を拾い出していばってみせた。

ありがたいことに、そのとき彼は自分のやっている小さな会社で働かないかと誘ってくれた。この会社は、ニューヨークのビルのてっぺんにある社員たった四人のミニ会社だった。彼のおやじは資金を集める係で、多分「社長」だったのだと思う。そして僕の友だちが「副社長」、その他もう一人セールスマンがいた。僕の職名は「化学研究主任」というもので、あと一人、友だちの弟で頭のあまり良くない男がびん洗い係だった。社内にはメッキ用の大型容器が六つ据えられていた。

さて彼らのプラスチック・メッキ法とは、まずメッキしようとする材料を硝酸銀溶液に入れ(ちょうど鏡を作るときと同じやり方で)、還元剤で銀をその材料の上に沈殿させ、これを電気メッキ槽に入れると銀が電導体となって銀メッキができあがる……というものだった。

問題はこの銀がプラスチックにいつまでもはがれることなく、しっかりついていてくれるかということだ。ところがこれがどうしてもだめで、すぐ剝がれてくる。だからこの銀メッキを、もっと永持ちさせるためもう一過程要るのだ。しかしこの過程も、材料によっては役に立つときと立たないときとある。そのころプラスチックとして幅をきかせていたベークライトのような材料なら、まず砂吹きをしてから水酸化第一スズに長時間浸けておくと、これがベークライトの表面の間隙に入りこむから、銀メッキがその表面によく付着することを彼はすでに発見していた。

だがこの方法は、ほんの二、三種のプラスチックにしか使えず、しかもメタクリル酸メチル（今プレキシグラスと呼んでいるあれだ）のように、はじめは直接メッキできなかった新種のプラスチックも、どんどん世に出はじめていた。酢酸セルローズも、安いことはとびきりだったが、はじめはなかなか直接メッキできなかったプラスチックの一つだ。もっともこの方は、水酸化ナトリウムにしばらく浸けてから、塩化第一スズを使うとうまくメッキできることが後になってやっとわかったが。

この会社で僕は「化学者」としてかなりの成功をおさめた。僕の友だちは化学など全然勉強したこともなく、実験もしたことがないから、一つのやり方で何かをやれば、いつもそのやり方しかできないが、その点では僕には強みがあった。僕はさっそくガラスびんの中に各種材料の塊とさまざまな薬品を入れて、実験にとりかかった。そしてこれら薬品を一つ残らず試験してみて、その結果をいちいち詳細に記録しておいたから、今までよりはるかに多い種類のプラスチックにメッキする方法をみつけることができたのだった。

さらに僕は彼の使っていた方法を、もっと簡略にすることもできた。本を調べたあげく、還元剤として今までのグルコースをやめてホルムアルデヒドに変えたところ、後で溶液の中の銀を回収する代り、すぐその場で銀を一〇〇%回収することができるようになった。

また塩酸をちょっぴり加えることにより(これは大学時代の化学の授業から思い出した)、水酸化第一スズを水に溶かすこともできるようになった。このおかげで今まで何時間もかかっていたこの作業が、たったの五分に短縮されることになった。

ただし僕の実験も、セールスマンが見込みのありそうな注文のプラスチックを持って帰ってくるたび中断されてしまう。

僕が実験室にラベルのついたびんを整然と並べて実験しようとしていると、突如として「その実験をちょっと中止してセールス部に特別奉仕してくれ!」ということになる。おかげで初めから実験のやり直しをしなくてはならないことがしょっちゅうだった。

　実験といえば、一度とんでもない窮地に陥ったことがある。ある芸術家が雑誌の表紙に自動車の絵を使うことを考え、プラスチックで念入りに自動車の車輪を作った。このときあろうことかわがセールスマンが、メッキなら何でもござれと吹いたものだから、その芸術家は、それならこの車輪のハブを銀ピカにメッキしようと思いついたわけだ。ところがその車輪は、まだ僕たちがメッキの仕方をよく知らない新しいプラスチックでできていた。本当のところ、わがセールスマンは僕らがそもそも何をメッキできるのかすら、さっぱりわかっていなかったから、それこそ何でもござれの安うけあいばかりしていたのだ。だから一回目このメッキは見事失敗だった。やり直しをするのに一度くっついてしまった銀を剝がそうとすると、これがそう簡単にはいかない。僕はそこで濃硝酸を使うことにした。これで銀は剝がれてくれたが、今度はプラスチックの表面が穴ぼこだらけのあばた面になるしまつで、まったくあのときは冷汗が流れた。正直言うと、冷汗ものの実験がしょっちゅうだったのだ。

　あるときわが社の連中は、『モダン・プラスチックス』という雑誌に広告を出そうと言いはじめた。僕たちが金属でメッキしたものの中には、なかなか見事なものもあって、これは広告に出るとそう捨てたものではなかった。また社のフロントのショーケースには、客の目を引くべく、サンプルも入っていたが、広告やショーケースの中のものは、手で取り上げてこのメッキがどれだけしっかりしているかを調べることはできない。多分、その中には確かに良い仕事もいくつかあったと思うが、何しろ特別に広告用に作ったのだから、普通の量産用のとは全然違うのだ。

夏が終わり、僕がプリンストンに行ってしまった直後、この会社にプラスチックのペンをメッキする良い仕事が来た。この結果、軽くて使い易く、しかも安い銀色のペンが見事誕生し、すぐにいたるところで飛ぶように売れだした。町を歩いていて会う人会う人みんな僕が出所をちゃんと知っているペンを持っているのを見るのは、なかなかうれしいものだった。ところが悲しいかな、わが社ではこの材料についてあまり経験を積んでいなかったのだ。それともプラスチックの中に入っている増量材(プラスチックは、ほとんどといっていいくらい不純で、その頃はちゃんと管理のいき届いていない増量材がやたらと入っていたものだ)のせいだったかもしれない。とにかくいまいましいことに、この表面に水ぶくれみたいなものができはじめた。手に持っているものにブツブツができて剝がれはじめれば、これをいじりたくなるのは人情だ。だから人はみんな面白半分にペンのメッキをボロボロ剝がすという結果になってしまった。

さあこうなると友だちのメタプラスト社は、このペンを何とか救わなくてはならない緊急事態となった。このとき彼は、何を思ったか大きな顕微鏡を買うことにしたのだ。それで何を見るのか、なぜ見るのかもわからないまま、彼はこのインチキ研究に会社の大金をつぎこんでしまった。そのうえ当の問題もとうとう解決できずじまいだったから会社は当然左前になった。こうしてはじめての大仕事に失敗したため、メタプラスト社はとうとう潰れてしまったのだ。

それから何年かあと、ロスアラモスにいたとき、僕は「一種の」科学者でおまけに管理能力にも秀でたフレデリック・デ・ホフマンという男に会った。数学者として高度の学問はしていなかったが、数学が大好きで、いつも努力を惜しまず、学歴の足りないところを努力で補っている観があった。のちに彼はジェネラル・アトミックス社の社長だか副社長だかになり、産業界に名を馳せることになったが、とにかくその当時はエネルギッシュで活眼の情熱ある若者で、マンハッタン計画に全身を投じて働いていた。

ある日僕らがフラーロッジの食堂で食事をしているとき、デ・ホフマンはロスアラモスに来る前には、イギリスで働いていたと言った。

「イギリスではどんな仕事をしてたんだい?」と僕がたずねると、

「プラスチックに金属のメッキを施す方法を研究してたんだ。僕は実験室員の一人だった。」

「で、うまくいったかい？」

「なかなか順調だったんだがね、問題もあった。」

「へえ。どんな問題だい？」

「やっと僕たち独自の方法ができあがろうというときになって、ニューヨークの会社が……」

「ニューヨークの何という会社だ？」

「メタプラスト株式会社という名で、僕らよりうんと進んでいた。」

「何でそれがわかるんだい？」

「『モダン・プラスチックス』に一ページ独占の広告をしょっちゅう出していてね、メッキできる品のサンプルが、たくさんでている。これを見て、こりゃとてもかなわんと思ったのさ。」

「その会社の製品を取りよせて見たことがあるかい？」

「いや、ない。だがあの広告を見れば、一目で僕たちより技術がはるかに進んでいるのがわかったよ。僕たちのやり方だってなかなか捨てたもんじゃなかったが、あんなに進んだアメリカの会社と競争したって始まらんからね。」

「君の実験室には化学者が何人いたんだい？」

「六人働いていたよ。」

「メタプラスト株式会社には何人化学者がいたと思うかい？」

「そりゃああの会社のことだから、本物の化学部門というのが別にあったに決まってるよ。」

「メタプラスト社の化学研究主任といえば、どんな人間を想像するかい？　それでその実験室はどんなものだったと思う？」

「さあてね、化学者の二五人や五〇人はいただろうね。そして主任は自分のオフィスをちゃんとかまえている。そら、よく映画に出てくるみたいなガラス張りの立派なやつで、ここに研究者が入れ代り立ち代り、やってる研究課題に主任の忠告や指示をあおぎにやってきてはまた仕事をしに散っていく。二五人だの五〇人だのという化学者のいるようなところと、僕たちが太刀打ちできるわけがないだろ？」

「さぞかしびっくりするだろうが、君は今、そのメタプラスト株式会社の化学研究主任とじきじき話をしてるんだぞ。従業員といえば、びん洗い係たった一人だったメタプラスト社のね。」

2　プリンストン時代

「ファインマンさん、ご冗談でしょう!」

学部生としてＭＩＴにいるころ、僕はＭＩＴが非常に気にいっていた。こんな良いところはほかにないと思いこんでいたから、大学院ももちろんＭＩＴと心に決めていた。ところがこれをスレーター教授に話したところ、言下に「ここの大学院には、いれないよ」と言われた。

「ええっ？」と僕がびっくりすると、教授に「何でＭＩＴの大学院に入りたいのかね？」ときかれた。

「何しろＭＩＴは理系では全国一ですから。」

「君、ほんとうにそう思うのかね？」

「もちろんです。」

「そうだろう。だからこそ君は、ほかの大学院に行くべきなんだよ。外の世界がどんなものか見てくる必要があるからね。」

というわけで僕はプリンストンの大学院に行くことに決めた。さてプリンストンだが、これがなかなか優雅なところだ。半分はイギリスの大学のまねだったのだろう。いささか野放図で、作法にこだわらない僕の性格を知っている僕のフラタニティの連中は、面白がって「プリンストンじゃ今度来る奴を見たら、さぞびっくりするだろうな。とんだ間違いをしでかしたと後悔するぜ！」などとやじりはじめた。だから僕としても、プリンストンでは少しおとなしくしていようと覚悟していたのだ。

いよいよプリンストン入学の日には、おやじが車で連れていってくれた。寮につくて部屋が決まると、おやじは帰ってしまって僕は一人になった。すると、ものの一時間もしないうち一人の男がやってきて、「私がこの寮の舎監である。本日午後、大学院長がお茶の会を催されるにあたり、新入生全員の出席の栄を得たいと、こう言っておられる。ついてはおそれいるが、同室のセレット君にも伝言されたい」とやけに気取ったアクセントでのたもうた。

これが僕にとってはプリンストン大学院(グラジュエートカレッジ)での洗礼のようなものになった。大学院の学生は全員このカレッジ(ここでは寮舎の意―訳注)に住むのである。とにかくそれは、ご丁寧にもアクセントまでそっくりまねた、オックスフォードかケンブリッジ大学のイミテーションといったようなものだった。(そしてこの寮の舎監は、フランス文学のお偉い教授様とのことだった。）階下には小使いがおり、部屋はどれもなかなかきれいだ。しかも夕食はステンドグラスのはまった大食堂で、皆ちゃんとガウンをまとって会食するのである。

とにかくプリンストン第一日目の午後、僕はその院長の茶会とやらに、出なくてはならないはめになった。ところが僕は、そもそも茶会とはどんなもので、何でそんなものがあるのかも皆目知らなかったのだ。僕はぜんぜん社交のセンスなど持ち合わせてもいないし、この種の経験ときたらまったくのゼロだった。

さてこの茶会会場のドアのところに来てみると、アイゼンハート院長が新入の大学院生にいちいち挨拶している。「ああ、君がファインマン君か。よく来てくれた」と彼が言ってくれたので、多少は気が楽になった。少なくとも僕の名前は知っているらしい。

ドアを通りぬけて会場に入ると、婦人たちや女の子たちがたむろしているのが見えたが、おそろしく肩の凝る雰囲気だ。さてどこに座ったものか？　女の子のそばに座ろうか？　どう振る舞ったらよかろうかなどと、しきりに思案していると、後ろで声がした。

「ファインマンさん、お茶にはレモンを入れましょうか、それともクリームがよろしいですか？」この声の主は院長夫人で、お茶をついでいる。

「はい、両方いただきます」と僕はまだ座るところを心配しながら上の空だ。と、突然「ホホホホ」という笑い声がした。「ファインマンさん、ご冗談でしょう！」

ご冗談？　ご冗談？　一体全体、今僕は何を口走ったのだっけ？　と考えて僕ははっとした。これが僕のこの茶会とかいうもののはじめての体験だった。

しばらくプリンストン生活を送るうち、僕はこの「ホホホホ」の意味が少しはわかってきた。本当のところ、このはじめての茶会が終わって、出ていこうとするとき、すでにこの「ホホホホ」がすなわち「あなたはとんでもない社交上のへまをしでかしたんですよ」という意味だということを悟っていたのだ。なぜならアイゼンハート夫人の「ホホホホ」が二度目に聞こえてきたとき、ふと見ると誰かがアイゼンハート夫人の手に、うやうやしく別れのキスをしていたからである。

それから一年も経ったころか。また別の茶会で、僕はウィルド教授としゃべっていた。ウィルド教授は、金星の雲はホルムアルデヒドから成っている(あの頃はあんなことをあれこれ論じていたと思うと、なつかしくもある)という説を唱えた天文学者だ。彼はそのうえどのようにしてホルムアルデヒドが沈殿するものか等々、この説を裏付ける理論も、ちゃんと用意していた。実に面白い話だ。だから僕と教授とは話に夢中になってしまった。そこへ小柄なご婦人が一人ちょこちょこやってきて、「ファインマンさん、アイゼンハート夫人が、ちょっとお話をしたいと言ってらっしゃいますよ」と言う。

「はい、ちょっと待ってください」とは言ったが僕はまだウィルド教授との話が尽きない。

と、さっきのご婦人がまた戻ってきた。「ファ、イ、ン、マ、ン、さ、ん、アイゼンハート夫人がちょっとおめにかかりたいと言ってらっしゃいますけど。」

「わかりました。わかりましたよ」とお茶を注いでいるアイゼンハート夫人のところに行ってみたら、

「お茶がよろしいですか？　それともコーヒーですか？」とおおせになる。

「僕にお話があると○○夫人からうかがいましたが……」

「ホホホホ。で、コーヒーがよろしいですか？　それともお茶ですか、ファインマンさん？」

「どうもありがとうございます。お茶をいただきます」と僕は言った。

するとまもなくそこにアイゼンハート家の令嬢とそのクラスメートが現れ、紹介された。思うに、この「ホホホホ」の意味は、別にアイゼンハート夫人が僕と話をした

かったわけではなく、ただ僕がうやうやしくお茶をいただいているところに娘たちが来れば、話相手があって、ちょうどいいというだけのことだったのだ。社交とは一事が万事この通りだ。もうその頃は僕も、「ホホホホ」と笑われても、「ホホホホとはどういう意味ですか？」などとまぬけたことはきかなくなっていた。「ホホホホ」とはすなわち「へま」ということだから、あわててそのへまを何とか収拾する方法を講じなくては……と思うところまで進歩してきたのだ。

毎晩夕食の時間が来ると、僕たちはガウンを着て大食堂に馳せ参じなくてはならなかった。僕は形式というものが大嫌いだから、はじめの晩はすっかり恐れをなしたが、馴れてくると、このガウンがなかなか捨てたものでないことに気がついた。たとえば時間ぎりぎりまで外でテニスをしていた連中も、部屋にとびこんできてガウンをさっとまとえば会食に間に合うという寸法だ。着替えすることもなければ、シャワーを浴びる心配も要らない。だからガウンの下にはTシャツあり、毛むくじゃらの腕ありというありさまだ。しかもこのガウンは決してクリーニングに出してはいけないという、けったいな規則があったから、大学院一年生と二年生とは、その汚れ具合ですぐ見分けがついたし、三年生ともなれば豚さながらで、見分けはいとも簡単だった。何しろ絶対クリーニングに出しもしなければ繕いもしないのだから、一年生のうちはまだガウンもきれいで、きちんとしているが、三年生くらいになってくると、ボール紙の肩当てに、わかめさながらのぼろきれが下がっているだけのものになっていたのだ。

というわけで僕はプリンストンについた日曜の午後、さっそくこのお茶の会なるものに出かけ、夜はこの「カレッジ」の大食堂でガウンをまとって会食をしたわけだ。さて月曜になると、まず僕はサイクロトロン(イオン加速器)が見たいと考えた。

ＭＩＴでは、僕の学生時代すでに新しいサイクロトロンが造られていたが、これが実に立派なものだった。一つの部屋にサイクロトロンだけがでんと据えられ、次の部屋がコントロール室だ。技術的に何とも見事なできばえである。コントロール室からの電線は床の導管を通ってサイクロトロンにつながっており、ボタンや計器類のずらりと並んだコンソールがそなわっていた。まさに「金ピカサイクロトロン」とでも呼びたくなるような豪華さだ。

その頃僕はサイクロトロンを使った実験報告をずいぶん読んだが、ＭＩＴからのものはあまりないところをみると、まだまだ駆け出しの段階だったのかもしれないと思っていた。これに比べ、コーネルとかバークレーとか、特にプリンストンとかいったところからは、どしどし研究報告が出ている。だから僕はどうしてもこの名だたる「プリンストンのサイクロトロン」を見たくて、むずむずしていたのだ。きっと僕をあっと言わせるようなものに違いない！

だから月曜になるが早いか僕はさっそく物理学科に出かけていって、「サイクロトロンはどこです？　どのビルディングですか？」とたずねた。

「階下だよ。地下室の廊下の一番奥だ。」

地下室だって？　こんな古ぼけたぼろビルの地下室なんかにサイクロトロンが入るような場所があるもんか！と思いながら、僕は廊下の一番奥まで歩いていき、ドアを開けて中に一歩踏みこんだ。その瞬間ほんの一〇秒くらいの間に、僕はプリンストンこそ僕の勉強にふさわしいところだ、と悟ったのだ。部屋いっぱいに電線が張りめぐらされ、その電線からスイッチがぶらさがっている。冷却用の水はポタポタとバルブからもれているし、部屋中ところせましと物がはみ出している。おまけにそこいら中のテーブルに道具が山のように積まれているというすさまじさだ。この部屋一つにサイクロトロン全部が押しこんであるのだから、その混雑ぶりはまさに想像を絶するものがあった。

この有様を見て、僕は幼い頃のわが実験室を思い出した。ＭＩＴではわが家の実験室を思い出させてくれるようなものには一度だっておめにかかったことがない。僕はこのときはっとした。なぜプリンストンの実験室から、どんどん報告が出ているのかに思い当たったからだ。彼らは実際に自分たちの手で造りあげた装置で研究しているのだ。だからこそどこに何があり、何がどう働いているかが、ちゃんとわかっているのだ。多分自らサイクロトロンを使っての研究に没頭している技師はいても、いわゆるただの技師など一人も雇われていないに違いない。このサイクロトロンはMITのよりずっと小さいし、「金ピカ」どころか何もかもMITのとは正反対だ。真空装置を修理しようと思えばグリプタル(熱硬化性樹脂)をたらす。だからグリプタルがいっぱい床にこぼれている、というありさまだ。僕は嬉しくなった。彼らは別の部屋に座っておごそかにボタンを押したりしておらず、文字通り自分たちの手でこのサイクロトロンを操作して研究しているのだ。(話はそれるが、あまりの乱雑さのうえに、電線が錯綜したりしているので、とうとうこの部屋から火事が出て、サイクロトロンはだめになってしまった。だが今これをここで言ってはちょっとまずい!)

(僕はコーネル大学でもサイクロトロンを見てきたが、このサイクロトロンは全体の直径がたったの一メートルぐらいで、とても一部屋とるほどの大きさではなかった。世界最小のサイクロトロンではあったが、すばらしい研究結果が次々と出ていた。ここではありとあらゆるテクニックが使われていて、たとえば「D」――粒子が回るD型の半円――の何かを変えたいと思えば、ねじまわしを使ってDを外し、これを調節してまたもとに戻す、という作業を手で直接やっている。プリンストンですら、そう簡単にはいかなかったし、MITに至っては、天井にとりつけてあるクレーンを動かしたあげく、鉤を下ろさなくてはならないという厄介さだった。）

僕はいろいろな大学でさまざまなことを学んできた。だからMITをけなすつもりは毛頭ない。MITは実に良いところだったし、僕は心からこの大学に惚れこんでいた。MIT精神というものが培われて学内にみなぎっており、MITにいる者は皆、これこそ世界一すばらしいところだ、こと科学と技術にかけては世界一か、さもなければアメリカ唯一の中心地だ、と信じていたのだ。ちょうどニューヨークの人間がよそのことを忘れてニューヨークを語るのに似ている。だから決して公平な考え方は養えないにしても、その代りに自分は特に選ばれてこの活動の中心にいる幸運な人間なのだという強い自覚と、この伝統を守っていこうという情熱が養われるのだ。

MITは確かにすばらしかった。しかしスレーター教授が僕に他校の大学院をすすめたのは賢明だったと思う。そしてこの僕もやっぱり同じことを学生たちに忠告している。若者はすべからく広い世界に出て、外を見てくることだ。事物の多様性を知ることは大切なことだからだ。

あるとき僕はプリンストンのサイクロトロン実験室で実験をやっていて、とんでもない結果を出してしまった。その頃流体力学の本に出てくる問題で、物理の学生の間で議論の的になっているものが一つあった。その問題というのはこうだ。ここにS字型のスプリンクラー——旋回軸の先にS字型のパイプのついたもの——があって、この軸と直角に吹き出る水によってこれがある方向に回るものとする。その方向は誰でも知っているように、出ていく水の方向と逆に、後ろ向きに回るのである。さてもしこのスプリンクラーを水をたくさん湛えた池とかプールとかにどっぷり沈めて、水を放出する代りに吸いこませたとすると、どちらの方向に回るか？というのがこの問題だ。空中に水を吹き出すときと同じ方向に回るか？それとも反対に回るのだろうか？

答は一見わかりきったことのように見える。ただ厄介なことに、ある者はむろん一つの向きに回るのはわかりきったことだと思い、他の者はその反対に回るのはわかりきったことだと思っているのだ。だからあっちでもこっちでも議論が絶えない。今でもはっきり覚えているが、ゼミナールのときだったか茶会のときだったかに、誰かがジョン・ホィーラー教授のところへ行って、「先生はどっちの方向に回ると思われますか？」とたずねた。

するとホィーラー教授は「昨日はファインマンが来て、後ろ向きに回ると言って僕を得心させたかと思うと、今日はまたその逆方向に回ると心底思いこませたんだからなあ。明日はどっちを信じさせるのか僕には見当もつかんよ！」

さてここでまず一つの方向に回るということを信じさせる論を説明し、次に絶対その逆方向に回ると思いこませる説を説明することにしよう。

まず第一の論法でゆけば、水を吸いこむ場合、そのノズルで水を引っぱっているようなものだから、入ってくる水の方向、つまり前に向かって回るということになる。

ところがここにまた別の男がやってきて、「もしこのノズルを押さえて動かすまいとすると、それにはどのようなトルク(回転力)が必要か？　水が出てゆく場合には、出てゆく水の遠心力がカーブにかかってくるから、S字カーブの外側を押さえなくてはならないのはわかりきったことだ。さて水がカーブを逆方向に通って行くとしても、やっぱり同じ遠心力が、カーブの外側に向かってかかる。だからどっちの場合にしても結果はまったく同じで、水を吹き出していても吸いこんでいても、スプリンクラーは同じ方向に回るはずだよ」と言うとする。

さてどっちが本当だろう？　しばらく考えて、僕は結論を出し、それを実証するための実験をすることにした。

プリンストンのサイクロトロン研究室には、化物みたいに図体の大きいカルボイ

（ガラスの水槽）がある。これこそ実験には持ってこいだと僕は考えた。そこで僕は銅管をＳ字に曲げ、そのど真ん中にドリルで穴を開けた。これにゴム管をさしこんでカルボイのてっぺんのコルク栓の穴に通し、コルク栓のもう一つの穴にはまた別なゴム管をさしこみ、実験室の気圧装置につないだ。このカルボイに空気を吹きこむと、このＳ字銅管の中に水が入っていき、ちょうど水を吸いこむのと同じことになる。このＳ字管は回りはしないが、（ゴム管がねじれて）首を振るはずだから、カルボイのてっぺんから水がどこまで吹き出すかを計って水流の速度を知ろうというわけだ。

僕はすっかりこの実験準備を整え、おもむろに気圧装置にスイッチを入れた。すると「ポン！」という音とともに気圧の力でカルボイのコルク栓がふっとんでしまった。そこで今度は針金でこの栓をがんじがらめにし、そう簡単には抜けないようにしておいてまた実験を始めた。水は上の管に上がってゆく。銅管はぐねぐねと首を振るといった調子で今度はなかなかうまくいきだした。

水流の速度が速ければ速いほど計測は正確になるわけだ。僕は少しずつ圧力を上げながら念入りに角度と距離を計っていった。ひとしきり計測が終わって、また少し圧力を上げたときだ。突然カルボイがドカンと破裂して、実験室中にガラスの破片と水が飛び散った！　たまたまそこに見物に来ていた男は頭から濡れねずみになり、服を着替えに帰らなくてはならなかった。(ガラスで怪我をしなかったのは奇蹟みたいなものだ。) おまけにサイクロトロンを使って根気よく撮影された何枚もの霧箱の写真もびしょぬれになってしまった。ただ一人僕だけは、ちょうどうまい距離に離れていたものか、あまり濡れなかったのは不思議だった。しかしあとで、サイクロトロンの責任者だったあの大教授、デルサッソが僕のところにやってきて、たいへんきびしい口調で「一年生の実験は、一年生の実験室でやってほしい！」と言ったのは今でも忘れられない。

僕、僕、僕にやらせてくれ！

プリンストンの大学院では毎水曜日、いろいろな人が来て特別講演をすることになっていた。講師にはなかなか面白い人が多く、僕たちは話のあとのディスカッションを楽しみにしていた。たとえばあるときなど、大のカトリック嫌いの学生がいて、宗教の特講の始まる前にみんなに質問項目を配って歩いた。そこで僕らは話のあと、この講師を難問で吊しあげにして困らせたのだった。

またあるときは詩の話を聴いたこともある。講師は詩の構造とそれに伴う感情を論じ、この詩をバラバラにして、さまざまなカテゴリーに分類してみせた。さて討論のときになると、この講師はアイゼンハート院長をつかまえて「数学もやっぱり同じようなものではないでしょうかな、アイゼンハート博士？」とたずねたのだ。

アイゼンハート博士といえばプリンストンの大学院院長で、名だたる大数学者だ。しかもよく機転の利く人である。「私はディック・ファインマンが、これを理論物理に関連させてどう考えるか、聞きたいものだね」とはぐらかしてしまった。彼はこういうときになると、いつも僕をからかうのだ。

僕はしかたなく立ち上がった。「はあ、非常に密接な関係があります。理論物理では言葉に対応するのは数学の公式ですし、詩の構造に対応するのは理論上のかくかくしかじかの相互関係……」とばかり、僕は詩と理論物理を逐一対比してみせた。それを聞く講師の目は、満足のあまりキラキラと輝いていた。ところが僕は続けて「今、僕は詩と物理の類似を示しましたが、詩についていたとえどんなことを言われたとしても、物理だけでなくどんな分野とでも、同じようにこじつけて類推する方法をいくらでも見つけられますよ。そんな類似なんかでっちあげたって無意味だと思いますね」とやってしまった。

さてあのステンドグラスのはまった大食堂で、僕たちはだんだんぼろぼろになっていくガウンをまとって毎日食事をしていたわけだが、食事の前必ずアイゼンハート院長が、ラテン語で食前の祈りを捧げるのが習慣だった。そして食事のあとではまた立ちあがって、いろいろな報告や発表をする。ある夜のことアイゼンハート博士は例の通り立ちあがって、次のような驚くべき発表をした。「二週間後に心理学の教授が、催眠術の話をしに来られることになっているが、ただ話をするだけより、催眠術の実験をした方がはるかに面白いだろうと言っておられる。だから誰かその実験台になる者を募集したい。」

僕は非常に興奮してきた。催眠術とは面白い。どんなものかぜひ知りたいもんだ。しめたぞ！

アイゼンハート院長はさらに「まず三、四人に術をかけてみれば、かかり易い人とそうでない人とがわかるから、少なくとも数人が進んで応募してもらいたいと言っておられる。」(こんなことを言って時間をつぶすことなんかありゃしない。じれったいにもほどがある！)

アイゼンハート院長は大食堂の向こうの端に座っていて、僕はその反対側の一番うしろの方に座っていた。何しろ何百人もの人間が食堂に詰まっていて、きっとどいつもこいつも実験台になりたくてむずむずしているに違いない。人の陰になっている僕が院長には見えないのではないかと思って、僕はハラハラしてきた。何としてでもこの実演に参加したいものだ！

やっとのことで話し終わったアイゼンハート院長は「ではきくが、誰かこれに協力したい者は……」

皆まで言わせず、僕は手を上げるや席からとびあがって、僕の声を聞きそこねられたら一大事とばかり「僕、僕、僕にやらせてください！」と声を限りに叫んだ。ところが聞きそこねるおそれなどありようがなかった。僕のほかには誰一人手をあげるものもいなかったからだ。広い大食堂に僕の声は響きわたってこだまするしまつで、きまりの悪いことこの上なかった。ところが喜ばれるかと思いきや、アイゼンハート先生はすかさず、「いや、むろん君が申し出るとは思っていたがね。私はただ君のほかに誰かいないかと思ってきいたんだよ」と言ったものだ。

とうとうあと二、三人進み出る者がいたので、講演の一週間ほど前、この心理学者が練習にやってくることになった。誰が術にかかりやすいかを見るためだ。催眠術というのは、聞いて知ってはいたが、この術をかけられるほうはどんな気持ちのするものか、僕は知らなかった。

心理学者は僕に術をかけはじめ、まもなく「君はもう目が開けられない」というところまで進んだ。

僕は腹の中で、「目ぐらい、いくらでも開けられるさ。だがせっかくの興をさましてもしようがないから、どこまでいくか様子を見てやろう」と思った。なかなか面白い気持ちのものだ。僕はほんの少しぼうっとしてきただけだから、ちょっと頭の働きが鈍ったぐらいで目が開かないことはあるまい、と思っていた。しかしそう思っても実際に開けないんだから、「開けられない」ということなのかもしれない。

　彼はその他にもいろいろやってみたあげく、僕が実験台にもってこいだと思ったらしかった。


　いよいよ当日になると、この心理学者はプリンストン大学院生全員の前で僕たちをステージにあげて歩かせ、催眠術の実演をやってみせた。僕も催眠術にかけられるのに馴れたものか、今度は前よりずっと強い効果があった。術者は僕にいろいろな術をかけて、普通ならできないようなことをやらせたりしたあげく、実演が終わって僕がもとの状態に戻っても、あたりまえにまっすぐ席に戻らず、ぐるっと聴衆の後ろをまわって、わざわざ後ろから席に戻るだろうと予言した。

　この実験の間中僕はうっすらと周囲で起こっていることを意識していたが、催眠術者の言う通りになっていただけのことだった。だからこの予言を聞くと、「くそ、もうたくさんだ！　席にまっすぐ戻ってやるぞ」と考えた。

　実験が終わって僕たちが立ち上がり、ステージから下りることになったとき、僕はまっすぐ席に戻っていこうとして歩きだした。ところがそのとき、とてもいやな気持ちがしはじめたのだ。気持ち悪くてとてもまっすぐ歩いていけたものではない。そして結局会場の後ろをぐるっと大回りすることになってしまったのだった。

その後しばらくして、今度は女の術者に催眠術をかけられたことがある。僕が術にかかると彼女は「今からマッチをつけてそれを吹き消し、すぐあなたの手の甲に触れます。でもちっとも熱くはありません」と言った。

「フン、そんなものはインチキだ！」と僕は思った。彼女はマッチに火をつけ、吹き消すと、その燃えさしを僕の手の甲につけた。かすかに暖かみはあった。この間僕は目をつぶっていたが、腹の中で「こんなの簡単だよ。マッチはつけたかもしれないが、きっと別なマッチで僕の手の甲に触わったに決まっている。何のことはない、すりかえじゃないか！」

ところが術が終わってからふと自分の手の甲を見て僕はびっくり仰天した。手の甲にやけどがあるのだ。まもなくこれが火ぶくれになり、とうとう潰れてしまったが、痛みがちっともなかったのはふしぎだった。

催眠術をかけられるというのはなかなか面白いものだ。僕たちは「できるけどやらないだけのことさ」といつも自分に言いきかせているわけだが、これは「できない」というのを別な言葉で言っているだけのことなのだ。

ネコの地図？

プリンストン大学院の大食堂では、誰でも自分のグループと一緒に食事をしていた。僕もはじめは物理専攻の連中と席をともにしていたものの、そのうち外の世界で起っていることを見るのも面白かろうと思いはじめ、一、二週間ずつよそのグループをまわって食事することにした。

哲学専攻の連中のところに座ったときは、みんなまじめくさってホワイトヘッド著の『過程と実在』とかいう本の話をしていた。ところがどうも言葉の使い方が妙ちきりんで、僕には何のことだかよくわからない。せっかく夢中でしゃべっている最中に、その言葉は何という意味だ、説明しろなどとひっきりなしに水をさしてはいかに何でも悪い。第一、何回か説明してもらったこともあるが、それでもなおかつわからない。とうとう哲学の連中は僕を彼らのゼミに招んでくれることになった。

そのゼミとは普通の授業のようなもので、一週一回その『過程と実在』なる本を一章ずつ読んできては、誰かがそれについて発表する。そしてその後ディスカッションをするということになっていた。僕はこのゼミ出席にあたり、とにかく門外漢で何も知らないんだから、黙っておとなしく傍観しようとホゾを固めて出ていった。

あれほどただ聴講するだけ……と決めてでかけたのに、やっぱりこのゼミは例によって典型的な結果に終わってしまった。あまり典型的なので信じられないくらいだが、本当の話なのだ。むろん初めは僕も何も言わず、じっと座って話を聞いていた。僕が黙って座っているということ自体、信じられないようなことだが、これも嘘ではない。まずその週わりあてられた章について一人の学生が報告をした。聞いているとホワイトヘッドは、自分で勝手に定義したらしい「エッセンシャル・オブジェクト（本質的対象）」なる言葉を、やたらとへんてこな術語風に使っている。だがそれが何のことなのか、僕にはさっぱりわからなかった。

この本質的対象なるものの意味について、しばらくみんなが論じ合ったところで、このゼミを受けもつ教授が少し説明を加え、やおら黒板に稲妻みたいなものを書いた。

「ファインマン君、君は電子を本質的対象と考えるかね？」

これは大変なことになった。僕はしかたなく、その本を読んでいないからホワイトヘッドの言うその言葉の意味がよくわからない、今日はただ聴講に来ただけだ、と白状した。そして、「しかしみなさんがまず先に僕の質問に答えてくれれば、その「本質的対象」の意味がもう少しはっきりしてくるだろうと思います。そうすれば今の教授の質問にも何とか答えられるかもしれません。さて僕のその質問ですが、一個の煉瓦は本質的対象ですか？」

別にふざけたわけではない。僕はまず彼らが、理論上の構成物を本質的対象と考えるかどうかが知りたかったのだ。実は電子とは、僕たちが使っている仮設なのだ。これが自然のしくみを理解するうえで、ほとんど実在していると言えるくらい便利だということだ。僕は質問の答から類推することで、仮設というものの考え方をはっきりさせようと思っていたわけだ。煉瓦の場合、次に「では煉瓦の中味はどうか？」という質問を用意していた。そしてそれから、誰も煉瓦の中味を見たものはないということを指摘するつもりだったのだ。煉瓦を割ったところで、目に見えるところはすでに表面になっている。だから煉瓦に中味があるという考え自体、そもそも物をわかりやすくするための仮設に過ぎない。電子の理論もこれに似ている。だから僕は「煉瓦は本質的対象か？」という質問から始めたのだ。

答は次々と出はじめた。まず一人の男が立ち上がり、「一個の煉瓦とは一個の特定の煉瓦だ。それがホワイトヘッドの言う本質的対象という意味だ」と言った。ところがまた別な奴が、「いや、違う。個々の煉瓦が本質的対象なのではない。どの煉瓦にも共通の一般的性質というものがある。つまりその「煉瓦らしさ」が本質的対象なんだ」と言う。すると次の奴が立ちあがり、「そうじゃない。本質的対象とは煉瓦自体のことじゃない。煉瓦のことを考えるとき浮かんでくる理念こそが本質的対象という意味だ。」

この調子であとからあとから意見が出てくる。僕は正直言って、ただの煉瓦を見るのにあれだけさまざまな面白い見方があるもんだとは思ってもみなかった。結局この日の討論は、哲学者をからかう話によくあるように、終わる頃には大混乱におちいってしまった。みんなあれだけ討論をしてきたくせに、電子はおろか煉瓦みたいな簡単なものが、そもそも「本質的対象」なのかどうかということなど問うてみようともしなかったのだ。

そのあと僕は生物学のグループといっしょに食事をすることにした。僕は生物学に絶えず興味をもっていたし、その連中の話も非常に面白かった。そしてそのうちまた細胞生理学の講座に誘われることになった。生物学について少し知っていたとはいえ、これは大学院の講座だ。僕は心配になった。「僕にできると思うかい？　それに教授が受けつけてくれるだろうか？」

そこで連中が、講師で発光バクテリアの研究で知られるE・ニュートン・ハーヴェイにきいてくれたところ、ハーヴェイは僕が他の連中と同じに勉強を全部やり、レポートもちゃんと書くなら……という条件で、この非常に程度の高い特別講座に出席することを許してくれた。

最初の授業に出る前、僕といっしょにこの講座をとる学生連中が、顕微鏡でいろいろなものを見せてくれることになった。植物の細胞などが材料で、小さな緑色の葉緑体(光に当たると糖分を作るもの)の点々が、ぐるぐる回りながら動いているのが見える。僕はふと目を上げて「この連中どうやって動き回るんだい？　何に押されて動いてるのかな？」とたずねた。

ところが呆れたことにこれに答えられるものは一人もいない。実はそのときにはこれはまだわかっていなかったのだ。僕はここでまず生物学というものについてあることを学んだ。つまり生物学では、たいへん面白そうでいて、しかも誰も答えられない問題点を見つけだすのは、割に容易だということだ。物理学では、もう少し深く分け入らなくては、人が答えられないような面白い問題は、とても見つからない。

その講座を始めるにあたり、ハーヴェイはまず黒板に細胞の大きな図を描き、その中にあるものの名称を書きこんだ。それからその一つ一つについて話をしていったが、僕にもだいたいわかるようなことばかりだった。

　この講義のあと、僕を招いた連中は、僕に「どう思ったかい？」と口々にききはじめた。「よくわかったよ」と僕は言った。「ただ一つだけわからなかったのがレシチンのところだ。いったいレシチンとは何だい？」

　すると相手はわざと単調な作り声で説明しはじめた。「すべての生物は動植物を含め、「細胞」と呼ばれる微小な煉瓦状の物質より成る。」

じれったくなった僕は「そんなことわかってるよ。でなくてあんな講座が聴講できるわけないだろ？　だからレシチンとは何かって言ってるんだよ。」「知らないよ。」

　さて僕もみんなと同様、論文を読んでレポートを書くことになったが、最初にもらった題目は細胞に対する圧力の影響というものだった。ハーヴェイは物理に関係のある題目として、これをわざわざ僕のために選んでくれたのだ。さて発表するときになると、僕は自分の報告内容はちゃんとわかっていたものの、術語の発音をまちがえてばかりいる。僕が「ブラストメア」というところを、「ブラストスフェア」などと言うたび、みんな腹を抱えて笑いころげた。

　次のテーマはエードリアンとブロンクの論文だった。ネコの神経の電圧を測定する実験を通し、その神経のインパルスは鋭い単一パルスの現象だということを示したものだった。

僕はさっそく論文を読みはじめたのだが、「伸筋」とか「屈筋」とか「腓腹筋」とかいう途方もない術語がやたらと出てくる。筋肉にはどれにも結構な名前がついているくせに、それが当のネコはおろか、神経とさえどこでどうつながっているのか僕には皆目わからない。しかたがないから図書館の生物学のところに出かけていった。司書がいたから、ネコの地図を探してほしいと言うと、彼女はぎょっとして、「ええっ？　ネコの地図ですって？」と叫んだ。「動物解剖図解のことでしょう？」それからというもの、プリンストンの図書館では「ネコの地図」を探しているまぬけな大学院生がうろついているという噂がたってしまった。

このテーマで僕が話をする番がやってきた。僕はまず黒板にネコの輪郭を描き、諸筋肉の名をあげることからはじめた。全部まで言わないうちに、クラスの連中が、「そんなもの皆わかってるよ」と言いだした。

「ええ？　ほんとか？」と僕は言い返した。「道理で四年間も生物学をやってきた君たちに僕がさっさと追いつけるはずだよ。」それこそネコの地図を一五分も見ればわかることを、いちいち暗記なんかしているから時間がいくらあっても足りないのだ。

終戦後、僕は毎夏車で国内のあちこちを旅行して歩くことにしていた。キャルテク

（カリフォルニア工科大学）に来てからのある年、「今年の夏は違った土地に行く代りに、違った分野に行ってみよう」と思いたった。

たまたまその年は、ワトソンとクリックがＤＮＡのらせん構造を発見した直後で、キャルテクにもデルブルックが実験室を構えていたし、またワトソン自身もＤＮＡの暗号システムの講義をしに来たりしていたから、優秀な生物学者が顔を揃えていたわけだ。僕は生物学科で開かれたワトソンの講義にもゼミにも出席して、たいそう感激してしまった。生物学にとって、それは非常にエキサイティングな一時期であり、この時期にキャルテクにいるということは、すばらしいことだった。

僕はまだ生物学の研究を実際にやる力はないと思っていたから、その夏は生物学科をうろついてビーカーでも洗いながら、生物学者の連中がやっている仕事を見てこようと考えた。そこで僕はさっそく生物学研究室に出向いて、このもくろみをうちあけた。この研究室の責任者は博士号をとったばかりのボブ・エドガーという若い男だったが、それはまずいという。「ほんとうにやる気なら、研究課題はこっちで出すから、他の大学院の学生とまったく同じに本気で研究しなくてはだめだ」と言うのだ。

それならそれでたいへん結構だから、さっそくファージ（ＤＮＡを持つウイルスでバクテリアを攻撃する）の講座をとることにした。このコースで僕はバクテリオファージの研究方法を習った。ここですぐ気がついたことは、僕が物理と数学の知識を持ち合わせているおかげで、時間も労力もかなり省けるということだった。液体の中で原子がどんな動きをするかがわかっている僕にとっては、遠心分離器など神秘的でも何でもない。統計もちょっぴりかじっているから、シャーレの中の小さな点を数えるにしても、統計的誤差というものがピンとくる、といった調子で、生物学専攻の連中が、みんなこのような「新知識」を理解しようと苦心惨憺している間に、僕の方は生物学の勉強に身を入れることができたわけだ。

この講座で身につけた便利なテクニックで、今でもさかんに使っているものが一つある。それは片手で持ったびんの栓を、その同じ手で開けるという離れ業だ。(これをやるには中指と人さし指を使う。)こうすればもう一方の手は自由だから、他のことが(たとえばシアン化物を吸いあげるピペットを持つなど)できるわけだ。今でも歯ブラシを片手に持ち、もう一方の手で歯みがきチューブを持ちながらその手でチューブの蓋を外したりはめたりできるのは、このテクニックのおかげである。

ところでこのファージに突然変異が起こると、バクテリアを攻撃する能力にひびいてくるということが発見され、僕らはこの突然変異なるものを研究することになった。一方ファージの中には第二の突然変異を起こして、バクテリアを攻撃する力を回復するものもある。この第二の突然変異でもとに戻ったファージには、以前とまったく変りない姿になっているものもあり、そうでないものもある。こういったファージではバクテリアに対する反応が以前と少し違って、バクテリアを攻撃するのがもとのときより速いのもあれば、遅いものもある。またバクテリアの方も成長するのが普通より速かったり遅かったりするのだ。つまりもとに戻る突然変異というものはあるが、必ずしも完全ではなく、失った力を部分的にしか回復しないものがあるわけだ。

僕の研究課題としてボブ・エドガーがすすめてくれたのは、この「復帰突然変異」がDNAのらせん上の同じ場所で起こるのかどうかを実験して調べることだった。僕は苦心に苦心を重ねて、コツコツ仕事をやったあげく、とうとう今までに見たこともないほど近い箇所で起こった突然変異で、ファージの機能を部分的に回復した例を三つ見つけることができた。しかしこの実験たるや、ほとんど偶然のハプニングを待つとでもいうような悠長な仕事だ。その二重突然変異が起こるのを、手をこまねいて待たなくてはならないうえ、その突然変異はまったくまれにしか起こらないんだからご苦労な話だ。

そこで僕はファージにもっとたびたび突然変異を起こさせ、それがもっと速く感知できる方法はないものかということばかり考えていた。だがこの新しいテクニックを考え出す前に夏が終わってしまったので、これ以上その問題を考え続ける気もしなくなってしまった。

ところがその年たまたま僕のサバティカル(七年ごとの特別休暇)が始まることになっていたので、また同じ生物学研究室に舞い戻って、今度は別のプロジェクトにとりかかることにした。まずマット・メセルソン、しばらく後にはイギリスから来たJ・D・スミスという好人物といっしょに、リボソームの仕事をすることになった。リボソームは細胞内の組織で、今ではメッセンジャーRNAとよばれているものからタンパク質を造ることが知られている。僕たちは放射性物質を使って、RNAがリボソームから出たり入ったりできることを証明した。

僕は細心の注意を払って計測を続け、すべてをコントロールしようとしたのだが、その中でたった一つだけいい加減な過程があることに気がつくまで、何と八カ月もかかった。リボソームを取り出すバクテリアを準備するのに、あのころは乳鉢でアルミナといっしょにゴリゴリすり砕いたのである。その他は全部薬品で精密にコントロールがきくのだが、バクテリアをすり砕くときのすりこぎの使い方だけは、まったく同じことを二度繰り返すということができない。だからこの実験では、結局何の成果もあがらずじまいだった。

ここまで来たらやっぱりヒルデガード・ラムフロムといっしょに、えんどう豆とバクテリアとが同じリボソームを使えるものかどうかを調べようとしたときの話をしなくてはなるまい。そのときの問題は、バクテリアのリボソームが、人間やその他の生物のタンパク質も造ることができるかということだった。ヒルデガードはちょうどそのとき、えんどう豆からリボソームを取りだし、これにメッセンジャーＲＮＡを与えてえんどう豆のタンパク質を造らせる方法をつくりあげたところだった。ここでえんどう豆の代りに、バクテリアからとったリボソームにえんどう豆のメッセンジャーＲＮＡを与えてみたらどうか。果してえんどう豆のタンパク質を造るか、それともバクテリアのタンパク質を造るだろうか？　僕もヒルデガードも、これは非常に重要な問題であることを充分承知していた。これこそまさに画期的な基礎実験になりそうだ。

「私、バクテリアからとったリボソームがたくさん要るわ」とヒルデガードが言ったとき、僕はメセルソンといっしょに別な実験をやっていた間に、大腸菌から莫大な量のリボソームを抽出したことがあったのを思い出した。「それならわけないよ。僕らの持っているリボソームを使えばいい。僕の実験室の冷蔵庫に山のように入っているんだから」と僕はうけあった。もし僕がほんとうに優れた生物学者であったとしたら、この実験の結果重要な大発見がなされたに違いない。だが残念なことに僕はすぐれた生物学者ではなかったのだ。だからこのとき、せっかくすばらしいアイデアもあり、良い実験装置も皆そろっていたのに、これを全部ふいにしてしまったのだ。というのは僕がヒルデガードにやったリボソームには雑菌が生えていたからである。このような実験をするうえでは、絶対許しがたいミスだ。もうその頃には僕のリボソームは、一カ月近くも冷蔵庫に入ったままだったから、他の雑菌がはびこってしまっていたのだ。あのとき僕がすぐ、初めからやり直してすべてをコントロールした状態でリボソームを取り出し、細心の注意を払ってヒルデガードの手に渡していたとしたら、あの実験はきっとうまくいって、僕たちは世界ではじめて生命の画一性――つまり生きとし生ける物すべてにとってタンパク質を造る機能をもつリボソームは共通だということ――を証明できていたに違いない。ちょうどタイミングもよく、やっていたことも正しかったのに、僕がアマチュアで、まぬけでいいかげんだったために、大切なことがすっぽぬけてしまったのだ。

これが僕に思いださせることは何か？　それはフローベールのボヴァリー夫人の夫の、あの退屈な田舎医者のことだ。この外科医は生れつき曲がった足を治すというアイデアを持っていたのはいいが、できたことといえば大事な他人の足をめちゃくちゃにしたことくらいだった。僕もあの未熟者の外科医のようなものだ。

もう一つ手がけたファージの研究で、論文を書けといってエドガーにやいやい言われたのに、結局何となく書かなかったのもある。だから自分の専門外の分野に首をつっこむのは問題なのだ。結局心底本気にはなれないからである。

とはいっても、その研究の略式な報告は書いた。これをエドガーに見せたところ、彼はゲラゲラ笑い出してしまった。第一は実験方法、第二は……などという生物学の論文の正式な形式にはまっていなかったからだ。しかも僕は生物学者のもうとっくに知り尽しているようなことまでくどくどと説明している。とうとうエドガーがこれを短くしてくれたのだが、そうなると今度は僕がいくら読んでもさっぱりわからない。結局その論文はたしか陽の目を見なかったと思う。とにかく僕は直接それを発表した覚えは全然ない。

ワトソンは、僕がやったファージの研究には面白いところもあると思ったらしく、僕をハーバード大学に招待してくれた。ここで僕は生物学科の面々を前に、例のDNA上で非常に近接して起こった二重突然変異の話をすることになった。僕はそのとき、第一の突然変異はおそらくタンパク質に変化――たとえばアミノ酸の一つのpH(水素イオン濃度)を変えるというような変化――を起こしているのではないか、そして第二の突然変異では、同じタンパク質の中の異なったアミノ酸に逆の変化を起こし、第一の突然変異で起きた変化を部分的に打ち消し、完全にではないが、ファージが再びある程度活動できる機能を回復することになるのではないか、というような推論をのべた。僕はこの第一、第二の変化は同じタンパク質に起こるもので、化学的に補い合うのに違いないと考えていたのだ。

ところが残念ながら事実はそうではなかった。それから二、三年経ってそれがわかったのだが、思うにこれを発見した連中は、突然変異を手っとり早く起こさせ、それを速く感知するテクニックを発明したのに違いない。とにかくわかったことは、この第一の突然変異が起きると、DNAの一つの塩基がまるごとなくなってしまう。だから遺伝暗号がずれてしまってこれを「読みとる」ことができなくなる。そして第二の突然変異は、余分の塩基を一つDNAに戻すか、またはさらに二つの塩基を取り去ってしまうかのどちらかだ。そこで遺伝暗号がまた読みとれるようになる……というものだ。第二の突然変異の起こる位置が第一のものに近ければ近いほど、二重突然変異で乱される情報は少なく、ファージがいったん失った機能も完全に近く修復する。この結果各アミノ酸は三つの「文字」で表わされているということまで証明されたのだった。

ハーバード大学にいたその週、ワトソンが何かの研究プロジェクトを口にし、結局二人で数日いっしょに仕事をすることになった。短時日だからこの研究を完成するというわけにはいかなかったが、とにかく僕はこの分野の第一人者から実験テクニックを伝授してもらったのである。

なにしろハーバード大学の生物学科の学者たちを前にゼミをやったんだから、あれは僕の一世一代の瞬間だった。このように何にでも鼻をつっこんだうえで、どこまでいけるものか、しゃにむにやってみるというのが、僕のやり方なのだ。

僕はおかげで生物学のことはかなり学んだし、経験も積んだ。そして術語の発音もうまくなり、ゼミや論文で省略すべきことも覚え、実験のときどうもまずいと思われるテクニックを見つけることもできるようになった。だがそれでも僕の一番好きなのは、やっぱり物理学だ。だからそこに戻っていくのが嬉しくてたまらないのだ。

モンスター・マインド

　プリンストンの大学院時代、僕はジョン・ホィーラー教授の助手をつとめた。そのときホィーラー教授にもらった研究課題が非常にむずかしく、やっているうちにっちもさっちもいかなくなってしまった。そこで僕はもう一度、僕がMIT時代に持っていた一つのアイデアに立ち戻って改めて考え直すことにしたのだ。つまり電子というものは、他の電子には働きかけるが、それ自身に働きかけることはないというのが、そのアイデアである。

　これには次のような問題点があった。電子を振動させるとエネルギーを放出し、その結果エネルギーの損失がある。ということは、そこに力が働いたということだ。さてこの力だが、電子が電荷をおびているときと、おびていないときとではこれに違いがあるはずだ。（なぜかといえば、もし電荷をおびていてもいなくてもその力がまったく同じだったとすると、エネルギーの損失のあるときとないときができてくる。一つの問題に答が二つあっては困る。)

一般の説では、電子が自分自身に働いてこの力(放射の反作用とよばれている)をつくるということになっているが、僕はここでは他の電子にしか働きかけない電子を考えようというのだ。もうそのときにはすでにある困難に直面しているのに気がついていた。(MIT時代にはその難点に気づかずにこのアイデアを思いついたのだが、プリンストンに来た頃には、すでにこの問題があることがわかっていた。)

そこで僕はまず電子を振動させてみようと考えた。するとこの電子は近くの電子を振動させ、その結果その電子から戻ってくる効果が、放射の反作用のもとになるものと考えたわけだ。僕はこの計算をやってホィーラーに見せにいった。

するとホィーラーはすぐに「しかしちょっとおかしいんじゃないか？　その力は他の電子間の距離の自乗に反比例して変化するが、本当は決してそんな変数に左右されてはいけないわけだからね。しかも他の電子の質量に反比例的に左右されるだろうし、他の電子の電荷に比例するんだからね」と指摘した。

これを聞いて僕は、ホィーラーがとっくに自分でもこの計算をやってしまったのだと思って意外な気がした。ホィーラーほどの学者ともなれば、計算なんかいちいちやらなくても、問題を一目見ればその難点がすぐにピンと来るものだということに、そのときはうかつにも気がつかなかったのである。つまり僕みたいな駆け出しは実際に計算してみなくてはわからない問題点が、彼には計算なしでちゃんと見通せたわけだ。

　彼はそう言ってからまた、「それに少し時間的にも遅れがあるだろう。波は遅れて戻ってくるからね。つまり君が今説明してくれたのは結局は反射されてくる光ということになるよ。」

「ああそうか！　なるほどそうですね！」

「うん。だがちょっと待った。先行する波——時間を後戻りする反応——で戻ってくるとすると、遅れずにちゃんと時間通りに戻ってくることになる。その効果は距離の自乗に反比例して変化するのはわかったとしても、空間中に電子がいっぱいあったと仮定すると、その電子の数は距離の自乗に比例するから、結局うまく補い合わせることができるかもしれない。」

　これが可能なことは、じきわかった。計算の結果はすっきり出たし、ひっかかりもなくすべてがぴったり合った。この理論はマクスウェルやローレンツの標準的理論と違うところはあったかもしれないが、とにかく古典的理論として成り立ちそうだ。しかも自己作用の無限大の問題と矛盾することもなく、作用あり遅延あり、時間の中での前進あり後退ありというなかなか独創的な理論で、僕たちはこれを「半先進半遅延ポテンシャル」と呼ぶことにしたのだった。

ホィーラーと僕とは次に、電子の自己作用の点で難のあった(と僕はそう考えたのだが)電気力学の量子論を研究課題として選ぶことにした。そして手始めに古典物理学でこの難点を片付け、これをもとに量子論を作れば、量子論も自然と正しい形にできあがっていくものと考えたわけだ。

さて古典的理論が正しくまとまったとき、僕はホィーラー教授から「ファインマン君、君はまだ若いんだから、この理論についてゼミをやるといい。みんなの前で話をする経験が必要だ。その間に私は私で量子論の方をやって、あとでゼミをやろう」と言われた。

それこそ僕の生れてはじめての専門的な話だ。ホィーラーはユージン・ウィグナーと話をつけて、僕の話を定期ゼミナールのスケジュールに組み入れた。

そのゼミの二、三日前、僕は廊下でウィグナーに出くわした。「おい、ファインマン、君がホィーラーとやっているあの仕事は非常に面白いから、ラッセルも招んでおいたよ。」ラッセルとは当時の有名な天文学者のヘンリー・ノリス・ラッセルのことだ。

その彼が僕のゼミにやってくるというのだ！

ウィグナーは続けて「フォン・ノイマン教授も興味を持たれるだろうな」と言う。

ジョニー・フォン・ノイマンはその頃の最も偉大な数学者だ。「それにたまたまスイスからパウリ教授も来ておられることだから、ついでに招いておいたよ。」パウリ教授といえば世界的な大物理学者だ。もうここまで聞くと僕は顔からすっかり血の気がひいてしまった。ところがそれだけではない。ウィグナーはそのうえ「アインシュタイン教授は、めったにこの定期ゼミナールには出席されないが、君の仕事は非常に面白いから、特に君のゼミには来られるよう招待しておいたよ。多分来られるはずだ。」

ここに至って僕の顔は真っ青になっていたに違いない。ウィグナーはあわてて「いやいや、ちっとも心配なんか要らんよ。ただ言っておくが、ラッセル教授が舟をこぎはじめたって、決して君の講義が悪いわけじゃないんだ。彼は誰のゼミでも必ず寝ちまうんだから。もっともパウリ教授がひっきりなしにうなずいて、ゼミが進むにつれていかにも話に全面的に同意しているように見えても信じてはいかん。パウリ教授は少し中風の気があるからね。」

僕はさっそくホィーラーのところに行って、彼がお膳立てをしたこのゼミにやってくる大物の名をあげ、とてもじゃないが心配でたまらないと打ちあけた。

「何てことはないさ。心配するなよ。質問には私が皆答えるから」とホィーラーは約束してくれた。

そこで僕は講義の用意を始めたが、当日になると講義室に入っていって、黒板にいやというほどたくさん方程式を書いた。経験に乏しい若い者が、講義のときよくやるまちがいだ。つまり若い者は「むろんこれは反比例して変化しますし、これはこのような結果になります」という風な説明の仕方を知らないのだ。話を聞いている者は計算式など見ないでも、講演者が何を言っているのか皆わかっているのだが、当人はそんなことを知る由もない。ひたすらその場で実際に代数の計算をやることでしか、これを説明することができないのだ。なるほどこれでは方程式をやたら並べなくてはならないわけだ。

というわけでゼミの始まる前、僕が黒板いっぱいに方程式を書いていると、アインシュタインが入ってきて、快活な口調で「やあ、こんにちは。私は君のゼミに来たんだが、まずお茶はどこかね？」と言われた。僕はアインシュタインにお茶のありかを教えておいて、また方程式を書きはじめた。

とうとう話をする時間がやってきた。僕の前にはモンスター・マインドとでも言うべき大頭脳がずらりと並んで僕の話しだすのを待っている！　自分の仕事についてのゼミナールはまったくこれがはじめてだというのに、こんなすごい聴衆相手とは……。僕はきっとギュウギュウしぼられるに違いない！　茶封筒からノートをとりだすとき、僕の手がどうしようもなくブルブル震えたのを、今でもはっきり覚えている。ところが奇蹟が起こった。それからも僕の一生を通じて何度となく起こったありがたい奇蹟である。つまり僕はいったん物理のことを考えはじめ、自分の説明しようとしていることに考えを集中しさえすれば、ほかのものなどみんなけしとんでビクともしなくなるのだ。だからこのときも話を始めてしまうと、部屋の中に誰がいるかなど、きれいに忘れて何もこわくなくなった。ひたすらこのアイデアを説明する、ただそれだけのことだった。

こうして僕の話が終わると、質疑応答の時間になった。まずアインシュタインの隣に座っていたパウリが立ちあがると、「くぅおの理論うぁこれこれの理由で正すぃいとは思えない」とスイス訛りで言ってアインシュタインの方に向き直り、「どうです、アインシュタイン教授、そうは思われませんかな?」とたずねた。

アインシュタインは気持ちの良いドイツ訛りで「ノー…」とおだやかに言った。「ただ私は重力の相互作用に関して、これに対応するような理論を作るのは、非常にむずかしいと思う。」彼はむろん自分の秘蔵っ子とでもいうべき一般相対性理論のことを言ったのだ。アインシュタインはさらに「今の時点では充分な実験的証拠がないから、正しい重力論についてはどうもまだ確信は持てないがね」と言った。アインシユタインは、すべてが彼の理論通りにはならないかもしれないということをよく知っていて、他のアイデアに対してとても寛大だったのだ。

パウリがあのとき何を言ったのか、覚えていればよかったと、僕はいまだにくやしく思っている。と言うのは、何年も後になって、あの理論は量子論を作るにはどうしても充分でないことに気がついたからである。ひょっとしたらあの偉大なパウリは、すぐにその難点を見ぬいて質問の形で僕にそれを説明してくれたのかもしれない。ところが僕はその質問に答えないで済むと思っただけですっかりほっとしてしまい、その内容をよく聴いていなかったのだ。ただ覚えているのは、ゼミの後パルマー図書館の階段をいっしょに上がっていきながら、パウリが「ホィーラーは自分のゼミでは、量子論について何を話すつもりかな？」ときかれたことだけだ。

「さあ、何もきいてないので僕は知りませんが、とにかく彼が自分で解決すると思います。」

「ほう」とパウリは意外そうに言った。「あの男は自分で量子論にとり組んでいながら、自分の助手に何をやっているかも言わないのかね？」彼は僕のそばによると、低い声で「ホィーラーは絶対ゼミをやらないと思うね」とささやいた。

その通りだった。ホィーラーはとうとうそのゼミをやらずじまいだったのだ。量子論の方を作るのはごく簡単でほとんど完成するところまでいっていると彼は思ったらしいのだが、結局そうはいかなかったのだ。ゼミの日がめぐってきた頃には、彼は問題の解決法がぜんぜんつかめていないことに気がつき、もう何も言うことがなくなったのだと思う。

この半先進半遅延ポテンシャル量子論には、ずいぶん何年も苦労したのだが、僕自身もまたこれを解決することは、ついにできなかった。

ペンキを混ぜる

僕が自分を「無教養」とか「反インテリ」とか言う理由は、おそらくずっとさかのぼって高校時代に端を発するのではないか。その頃僕は意気地なしと言われるのをいつも恐れていて、あまりデリケートにならないようせいぜい心がけていた。本当に男らしい男というものは、詩とか何とかいうような優雅なものには、目もくれないものだと思いこんでいたのだ。全体、詩なんぞどうやって生れてくるのか、僕には見当すらつかなかった。そしてフランス文学だの詩や音楽などにうつつをぬかしている「高尚」な連中に対しては、頭から反感を感じる始末だった。むしろ製鉄工、機械工とか溶接工とかいった連中に、僕はあこがれていたのだ。機械を使っていろんな物を実際に作る男たちのことを、僕はいつも「あれこそ男の中の男だ！」とばかり心から崇拝していた。これがその頃の僕の考え方だったのだ。実用的な人間であるということこそすばらしい美徳で、「教養のある人」とか「インテリ」とかはその逆だと心底思いこんでいたのである。この考えの前半は正しいが、後半は無茶だ。

プリンストンの大学院時代ですら、これからわかると思うが僕はまだこの考えを捨てきれずにいた。

その頃僕はよく「パパズ・プレイス」という、ちょっと小ぎれいなレストランに昼飯を食いに行っていた。ある日のこと僕が飯を食っていると、レストランの二階を塗っていたペンキ屋が、ペンキだらけの仕事着のまま下りてきて僕の近くに腰を下ろした。何気なく話を交わしはじめると、彼はプロのペンキ屋になるにはどんなに苦労して修業しなくてはならないかというようなことをしゃべりだした。「たとえばの話がだな」と彼は言った。「君だったらこのレストランの壁を何色に塗るかね？」

僕がわからないと言うと、彼は「だいたいこのくらいの高さまで黒っぽい色の帯にするんだ。客がテーブルに座ってこの辺りを肘でこするから、きれいな白なんかに塗ろうものならすぐ汚くなるからね。だがその上は白にするんだ。そうすりゃレストランが清潔に見えるだろう？」

なるほどこの男はことペンキ塗りについてはなかなか心得がある。僕はそこに腰を据えて彼の一言一句を感激して聞いていた。すると彼は続けて、「それに色ってものを知ってかからにゃならん。ペンキを混ぜていろんな色を出すこともな。たとえば君、黄色を出すのに何色のペンキを混ぜるものだと思うかね？」

僕はペンキの混ぜ方は知らなかったが、光なら緑と赤を混ぜればいいのは知っていた。しかしこの男はペンキのことを言っているのだ。だから僕は「黄色を使わずに黄色を出すなんて方法は知らないね」と言った。

「それがね、赤と白を混ぜれば黄色になるんだぜ。」

「ピンクのこと言ってるんじゃないのか？」

「いや」と彼は断言した。「黄色だ。」何しろ彼はプロのペンキ屋だ。そういう連中を崇拝していた僕は、彼の言うことを頭から信じこんだ。しかしそれにしても不思議だ。どうやって混ぜるんだろう？

そうだ、「きっと何か化学的変化が起こるんだろうね。そういう変化を起こすような特別な顔料でも使うのかい？」

「いいや。どんな顔料だって同じことさ。そんなに言うなら角の雑貨屋に行って普通の赤と白のペンキを買ってきな。そうすりゃ混ぜて黄色を出して見せてやるから。」

僕はこのとき「ふうん。何かあるな。絵の具のことなら僕だって多少は知っているが、赤と白で黄色が出るとはどうしても思えない。だが彼は黄色になると言ってるんだから、何か面白い反応でも起こるのに違いない。こりゃ面白そうだ。ぜひ見届けなくては!」と考えた。

「よし、ペンキ買ってくるよ。」

そこでペンキ屋は二階の仕事に戻っていった。するとレストランのおやじがやってきて、「馬鹿だな、あの男にあんなこと言って。あれは本職のペンキ屋だぜ。一生ペンキ塗ってる男が黄色になるってものを、何で口答えなんぞするんだ」と言う。

僕はいささかしゅんとなって、しばらくは何を言っていいかわからなかったが、とうとう「僕はずっと光というものを勉強してるんだが、赤と白では黄色は絶対出ないと思う。ピンクにしかならないよ」と言った。

そこで僕は雑貨屋にのこのこでかけていってペンキを買って帰ってくると、ペンキ屋が二階から下りてきた。レストランのおやじもそこに居あわせた。僕が古い椅子の上に買ってきたペンキをおくと、ペンキ屋はこれを混ぜはじめた。まず赤をちょっと入れ、次に少しばかり白を足す。だがどう見たってピンクだ。彼はまたしきりと混ぜていたが、そのうち「ちょっと色をシャープにするのに小さな黄色のチューブを持っていたもんだがね。そうすりゃ黄色になるんだ」とブツブツ口の中で呟きはじめた。

「そりゃ無論だよ!」と僕は叫んだ。「黄色を混ぜれば黄色になるが、黄色なしじゃ絶対黄色は出せないよ。」

ペンキ屋はまた二階に戻っていった。と、レストランのおやじは今度は「あいつ心臓もいいところだな。一生光の研究してるって男と言い争うんだから……。」

　これで僕がどれだけあの「本物の男」どもを信じきっていたかがよくわかるだろう。あのペンキ屋だって、理にかなったことをたくさんきかせてくれたものだから、僕にしてみればきっと何かこっちの知らない現象でもあるのではないかとまで考えたのだ。ピンクになることはわかっていても、あのときの僕は、「赤と白のペンキが黄色になるとしたら、何か新しい面白そうなことが起こるとしか考えられない。だからそれを何としてでも見届けなくては」とつい考えてしまったのだった。

　僕は専門の物理についても、こういう間違いをたびたびやっている。どんな立派な理論であっても、何か複雑なことが起こってだめになるんじゃないか、と心から信用しないところがあるのだ。起こるべき結果はほとんど確実に知っていながらも、やっぱり「それでも何か未知のことが起こる可能性はある」と、ついつい思ってしまうのだ。

毛色の違った道具

プリンストン大学院の物理学科と数学科とは一つのラウンジを共用していて、毎日四時になるとお茶の時間というのがある。まあイギリスの大学のまねでもあり、午後くつろいだひとときを過すためもあったと思う。とにかくみんな何となくお茶を飲みながら「碁」をやったり、いろいろな定理についてしゃべったりするのだが、その頃はトポロジー(位相数学)というのがはやりだった。

今でも目に浮かんでくるが、ソファに座った男が頭を抱えて考えている。その前にもう一人の男が立ちはだかり、「故にそれは正しい」と言っている。と、ソファの男が「どうしてだ?」とやり返す。

「自明だ! 自明じゃないか!」と立っている男は叫ぶと、論理過程を口早に並べたてた。「まずこれこれを仮定すると、次にカーチョフの何々があって、その次にワッフェンストッファーの定理が来る。それからこれを代入すると、あれが出てくる。

それからここをとりまくベクトルをとり、そして……」ソファの男は必死でこれをのみこもうとしているが、一方の口早な論議は一向に終わりそうもなく、えんえん一五分も続いている。さんざんまくしたてたあげく、立っている男がやっとしゃべりおえると、ソファの男がやにわに「そうか。そうだ！　自明だ！」と言う。

　僕ら物理の学生は、ゲラゲラ笑いながらこの二人のやりとりを聞いていた。そして「自明」とは「証明ずみ」ということだろうと察しをつけ、「『証明された定理はすべて自明である故に、数学者は自明な定理しか証明できないものである』という新定理を作ったぞ」と言って、数学の連中をからかいはじめた。数学の連中はこれを聞いて憤然としたが、僕はそのうえ「数学者はわかりきっていることだけ証明するんだから、おどろくべき新発見なんか一つもないはずだよ」とからかった。

　しかしトポロジーともなると、数学者たちにしてみればわかりきったなどと言えたものではなかった。直感に反する変てこな可能性がいろいろあったからだ。そのうち僕はいいことを考えついた。「君たちが僕にわかる形で、仮設が何であって定理が何かを説明してくれれば、僕がすぐさまその正否を言いあてられないような定理は絶対ないと思うね」と挑戦したのだ。

　それからというものは、よく次のような問答がかわされることになった。

数学者「ここにオレンジが一個あるとする。いいかね？　このオレンジを有限数に切っておいてまたもと通りにすると、これが太陽ほどの大きさになる。是か非か？」

「穴も何もないのか？」

「ない。」

「とんでもない。そんなものがあってたまるか。」

「あはは。やっつけたぞ。みんな集まれ。これは○○の不可測の測度の定理だぞ。」しかし僕をやっとうまくやっつけたと思ったのは、ほんの束の間だ。僕が「だが君はオレンジと言ったぞ！」とやり返す。「オレンジの皮を原子より薄く切るなんてことができるものか。」

「しかしこっちには連続の条件てものがあるんだぜ。だからいつまででも切ってゆけるんだ。」

「でも君はオレンジだと言ったぞ。だから僕は本物のオレンジだと思ったんじゃないか。」

というわけでいつも僕の勝ちだ。ちゃんと当たればそれでよし、まちがった推測をした場合でも、僕は奴らがことを簡単に説明するため、うっかり省略してしまった何かを見つけることができたから、決して負けはしなかった。

ほんとうのところ、僕の推測はまったくのでたらめではないのだ。というのは、僕に誰かが何かを説明してくれている間、今でも理論の正否を知るのに使っている、なかなか便利な「策略」があるのだ。それは自分の頭の中で、例を作りあげていくことだ。例えば数学の連中が何かすばらしい定理でも見つけて、すっかり有頂天になっているものとする。この定理の条件を彼らが僕に説明してくれている間、僕はその条件全部に当てはまるような、何ものかを具体的に頭の中でだんだんと作りあげていくのだ。つまりまず一つの集合(例えばボール一個)から始め、次に分離するとボール二個になる。そして条件がつけ加えられていくごとに、このボールはだんだん色が変わり、毛が生えという調子で僕の頭の中で成長していく。そしてついに彼らが定理を述べると、これが僕の頭の中の緑色の毛だらけのボールには全然正しく当てはまらない。そこで僕は「間違い！」と叫ぶわけだ。

これが正しい場合は、連中すっかり興奮してしまう。僕は彼らにしばらくしゃべらせておいて、それからおもむろに僕の対抗例をもちだすのだ。すると彼らはあわてて「ああそうだ。言い忘れたが、あれはハウスドルフ準同形の定理2なんだ。」

「なんだ、じゃあ自明じゃないか！　自明だ、自明だ！」と僕がやり返す。もうその頃になると、僕はハウスドルフ準同形など聞いたことがなくても、だいたいその議論がどっちの方向へ進展するかはちゃんと見ぬけるようになっていた。

　僕がこうしてほとんどの場合ちゃんと言い当てることができたのは、数学者どもが直感に反すると思っていたトポロジーの定理が、実は見かけほどにはむずかしくなかったからだ。聞いているうちに、この「超薄切り問題」の奇妙な特性に馴れてきて、どういう結果になるかぐらい、わりとうまく推量することができたわけだ。

　こうして僕は数学者どもをずいぶんからかったものだが、彼らはいつも僕に良くしてくれ、ほんとうに気の良い連中ばかりだった。しかも、新理論をどんどん展開させつつあった彼らは、目を輝かせ胸を躍らせている少壮学者の一群でもあった。彼らはいつも快く僕らにその「自明な定理」の話をきかせてくれたし、どんな単純な質問でも、必ず一所懸命になって僕らにわかるように説明しようとしてくれた。

　その一人ポール・オーラムという男と僕とは、浴室を共用しているうちすっかり仲良くなってしまった。彼は僕に数学を教えようとさんざん苦心したあげく、僕をホモトピー群まで進ませてくれたのだが、そこで僕はひっかかってしまった。とはいえそれ以前のことなら僕にもけっこうよくわかるようになったのは彼のおかげだ。

　僕が習わなかったものに周回積分がある。そもそも僕の積分は、高校時代物理のベーダーという先生からもらった本を読んで、それにのっているさまざまな方法で積分をやることを覚えたのに始まる。

ある日先生は僕に居残りを命じた。「ファインマン。君は授業中話はするし、どうもやかましくていかんが、その理由はわかってる。退屈してるんだろう、君は。この本をあげるから、後ろの隅っこの席に行って自分で勉強しなさい。この本に書いてあることがみんなわかるようになったら、またしゃべってもよろしい。」

というわけでそれからは物理の授業の間中、僕は他の連中がやっているパスカルの法則などには目もくれず、後ろの方でこの本を読むことになった。ウッズの『高等微積分』という本だ。ベーダー先生は、僕が『実用のための微積分』という本を少しかじっていたのを知っていたので、大学の三年生か四年生が使う、本物の微積分の本をくれたのだった。中には、フーリエ級数だの、ベッセル関数、行列式、楕円関数などという今までできいたこともないようなすばらしいことが、いっぱいつまっていた。

ウッズの本には積分記号の中で係数を微分する方法もでていたが、あれだって一種の演算だ。ところが大学ではこれをあんまり教えないし、強調もしない。僕はウッズの本のおかげでその方法の使い方を覚え、それからもずっと馬鹿の一つ覚えみたいに、あれを繰り返し役に立ててきた。何しろ本を読んで覚えた自己流だから、僕のはずいぶんへんてこな積分法だったと思う。

ＭＩＴやプリンストンで、学生たちがある種の積分をやるのにさんざん苦労したのは、学校で習った標準の積分法ではできない部分があったからだ。それが周回積分みたいな問題であれば、彼らはわかったに違いないし、簡単な級数展開なら、これもできたはずだ。ところがその彼らがどうしてもできない積分の問題があってすったもんだやっていると、そこへ僕が現れて、積分記号の中で微分してみせる。そうするとたいていうまくいくのだ。そこで僕は積分なら何でもできる男として有名になってしまった。何のことはない。僕の使う道具が、他の連中のとちょっと違っていただけのことだ。だから連中が自分の道具では解けない問題にぶつかると、毛色の違う道具を持つ僕のところにお鉢がまわってきたというわけである。

読心術師

僕のおやじは魔術とかカーニバルの手品とかに津々たる興味を持ち、そのからくりを知ることが楽しみでしかたがないというたちだった。しかもそのうち読心術については、ちょっぴり知識もあった。

おやじはロングアイランドのど真ん中のパチョーグという小さな町で育った。あるときその町角ごとに「来週水曜日、読心術師来演」という広告がはり出されたのだそうだ。そのポスターによると、市長、判事、銀行家といったような、町のおえら方三人で五ドル紙幣を一枚どこかへ隠しておけば、読心術師が町にやってきて、それを探し出してみせるというのだった。

さてその読心術師がいよいよ町にやってくると、町の住民はみんなこの実演を見ようとぞろぞろ集まってきた。この読心術師はまず、五ドル紙幣を隠した銀行家と判事の手をとると、町の中の道をどんどん歩きはじめた。交差点にさしかかると角を曲がり、しばらく行ってはまた角を曲がって小路を歩いていったあげく、ちゃんと金の隠してある当の家を探しあてた。それから二人の手を持ったまま家の中にずかずか入ってゆき、さっさと二階にあがっていったと思ったら、正しい部屋をみつけ、その部屋の中のたんすのところに行って手を離した。それから正しい引き出しを開けて、ちゃんと隠された五ドル紙幣をみつけたではないか！　実に劇的な実演だった。

その頃は良い教育を受ける機会がなかなかない時代だった。そこでおやじの両親はこの読心術師を家庭教師に雇うことにした。ある日レッスンのあと、おやじはこの家庭教師に例の五ドル紙幣を、誰にもありかを聞かないで、どうやってみつけたのかきいてみた。

すると読心術師は次のようなことを教えてくれた。まず相手の手を軽く持ち、歩きながら少し動かしてみる。曲がり角に来て前にも右にも左にも行けるというとき、手を少し左に動かしてみるのだ。これがまちがった方角だとある抵抗が感じられる。これは手を握られている者が、そっちへ行こうとは思わないから、ついそういうことになるのだ。ところが正しい方向に動かすと、相手はこっちなら……というわけであまり抵抗がない。だからどっちなら抵抗がないのか、たえず手を少しずつ動かしてさぐっていなければならないわけだ。

おやじはこの話を僕にしてくれて、それでもやっぱり、かなりの修業を積んでいないとだめだろうなと言った。事実おやじは一度もこの術を試してみたことはないらしかった。

ずっとあとになって、プリンストンの大学院にいるとき、僕はこの術をビル・ウッドワードという男にためしてみようと思いついた。そこで僕は突然、自分は読心術師だ、だから彼の心を読めるんだぞと宣言してみせた。まず実験室の電気回路だの道具だの、ありとあらゆるガラクタが所せましと積んである長テーブルのところへ行って、そのガラクタの中の一つを心に決めて出てこい。「そうすれば僕が君といっしょに行って、それをちゃんと当ててみせるよ」と言ったのだ。

そこでビルは実験室に入っていき、何かを心に決めて出てきた。僕はさっそく彼の手をとると、軽く動かしながら一つの通路を歩いていき、それからこっちの通路を通っていって、ちゃんとそのものを当ててみせた。これを三度も繰り返したが、その中でも一度などは、その品がガラクタの真ん中にあったのにぴたりと当てることができた。一度は場所は正しかったのに、ほんの二、三センチの差で見当が外れ、三回目は何かの具合でうまくいかなかったが、それにしてもこの読心術、思っていたよりずっと簡単だった。

それからしばらく後、僕が二六歳くらいの頃だったか、僕はおやじと二人でアトランティック・シティを訪ねたことがある。ちょうどそのときは戸外カーニバルの最中だった。おやじが用を足している間、僕は読心術を見に行った。この読心術師は頭に大げさなターバンをぐるぐる巻いてガウンを着こみ、観客に背を向けて座っている。彼にはチビの助手がいて、これが観客の間をチョコチョコ走りまわりながら、「ご主人様、偉大なるご主人様、この財布の色は何色でございましょう?」などと言う。

「青じゃ」とご主人様がのたもう。

「そしてこのご婦人の名前は何でございますか、有名なるご主人様?」

「マリーじゃ!」

一人の男が立ちあがって「僕の名は?」と言うと、

「ヘンリー!」

そこで僕も立ちあがって「じゃあ僕の名は何だ?」と言うと、今度は返事がない。こうしてみるとヘンリーとかいう男は明らかにサクラだ。それにしても例の財布の色を当てるようなことが、どうしてできたのかはわからなかった。ターバンの下にイヤホーンでもつけているのだろうか?

おやじと落ち合ったとき、僕はこの話をしてきかせた。すると彼は「多分何か暗号が作ってあるんだろう。だがどんな暗号だかわからないからまた行ってみよう。」

　そこでまた読心術のところへ戻っていくと、おやじは僕に五〇セントくれて、「ほら、五〇セントあるから、そっちの運勢占いのところへ行ってこないか。三〇分したらまたここで会おう」と言う。

　僕はすぐにピンと来た。おやじはあの読心術師に何か作り話をするに違いないが、そばに息子がいて、いちいち「ふうん」とか「ははあ」などと言っていては具合が悪い。だから僕を追っぱらったわけだ。

　三〇分してまた落ち合うと、おやじはその暗号をすっかり教えてくれた。「青は「おお偉大なるご主人様」、緑は「最高の知者」という調子だ。ショウの後、わしはステージに行って、「パチョーグの町でショウをやったことがあるんだが、暗号は使ってもあんまりたくさんは数字が使えないし、色の種類も限られている。君はどうしてあんなにたくさんの情報をうまく暗号にできるんだ？」ときいてみたんだ。」

　と、かの読心術師はすっかり得意になって何もかも洗いざらいおやじに教えてくれた、と言うのだ。僕のおやじはセールスマンだから、そういう状況を作り出すのが実にうまいが、僕にはあんなことはとてもできない。

アマチュア・サイエンティスト

子供の頃、僕は「実験室」を持っていた。別にそこで物の測定をしたり、大事な実験をしたわけではないから、ほんとうの意味での実験室とは言えないが、僕のかっこうの遊び場だったのだ。モーターだの、光電管の前を何かが通るとベルが鳴るしかけだのを作ったり、セレンで遊んだり、いつも何やかやとゴトゴトやっていたものだ。もっとも電圧をコントロールするために抵抗として使っていた、一連のスイッチや電球を並べたランプベースを作るとき、ちょっとした計算はしたことがあるが、こんなものは応用だからほんとうの実験室的実験とは言えない。

僕は顕微鏡も持っていて、これでいろいろなものを見るのが面白くてたまらなかった。なかなか根気の要る仕事だったが、とにかく何か持ってきて、レンズの下においては飽きもせずに眺めた。とりたてて珍らしいものといってはなかったが、珪藻がスライドの中をすーっと動いていく姿など、実に面白かった。

ある日のこと、僕がゾウリムシを見ていると、大学の教科書にすら載っていないようなことが目の前で起こった。教科書などというものは得てして、世界はこうあるべきだと勝手に決めこんでおいて、その姿に少しでも近づけようとするあまり、何でも簡略にしてしまいがちだ。だから動物の生態の説明だって決まったように「ゾウリムシの構造はきわめて単純で、その生態も単純である。水の中でそのスリッパ型の体を動かしていって、何かにぶつかると退却するが、角度を変えてまた動き出す」というような文句で始まる。

ところがこれは必ずしも本当とは言えない。第一だれでも知っているように、ゾウリムシはときどき接合して核を交換する。だがいったいこの接合のタイミングを、どうやって決めるのだろうか？（これは僕の観察した不思議なことと関係ないから、今はどうでもいいことにしておこう。）

とにかく僕の目の前で何かにぶつかったゾウリムシは、ひょいと退却して角度を変え、また動きだした。だがこれは絶対にコンピュータのプログラムみたいな機械的な動き方のようには見えなかった。第一ゾウリムシの動いていく距離も違えば、退却する距離も同じではない。曲がる角度もさまざまだし、必ずしも右に曲がるとは限らない。不規則この上ないのだ。しかも僕らの目には何にぶつかるのかが見えないから、どう見たって行き当りばったりにしか見えない。何か化学物質でも嗅ぎつけるのか、それとも何かほかのものにぶつかっているのか？

ゾウリムシでぜひ見届けてやりたいと思っていたことが一つあった。ゾウリムシの入っている水が干上がったらいったいどうなるか？ということだ。そういう場合、ゾウリムシは固い種のようなものになるというのを、聞いたことがある。僕の顕微鏡の下には、一滴の水の中にゾウリムシと草みたいなものが入っていたが、この草はゾウリムシの世界から見たら、ジャック・ストロー（わらで遊ぶ一種のゲーム—訳注）のようなものだ。一五分たち二〇分たって水が蒸発してくると、ゾウリムシはだんだん窮屈になってきた。そしてせわしなく行ったり来たりしているうちに、もう動く余地もなくなり、とうとうこの「棒の林」の中にとじこめられてしまった。

と、そのとき僕は今まで見たことも聞いたこともないものを見たのだ。ゾウリムシはその形を失ったのである。アメーバみたいに体を曲げることはできるようだったが、このゾウリムシはその「棒」に体を押しつけていき、二またにくびれはじめた。体の中ほどまで二またになったとき、急にこりゃまずい！と思ったものか後ずさりをしたのだ。

こうして僕がこの目で見たところから考えると、教科書ではゾウリムシの生態をあまりに簡略化しすぎていると思う。その生態は教科書で言うように完全に機械的でもなければ、一次元的でもない。いやしくも本と名のつくものなら、いくら単純な生物の生態だってもっと正確に説明するべきだ。こういう単細胞動物でさえ、その生態にはさまざまな次元があるのだということを、僕たちがしっかり悟らないかぎりは、もっと複雑な生物の生態など完全に理解できるわけがないではないか。

僕は虫を眺めるのも大好きだった。一三歳ぐらいの頃持っていた昆虫の本に、トンボは無害で人を刺したりすることはない、と書いてあるのを読んだことがある。僕の住んでいたあたりでは、刺されると危ないという評判の、「ダーニング・ニードル（つくろい針）」と呼ばれるトンボがいた。草野球でもやっているとき、このトンボがとんでくると、みんなあわてて手を振りまわしながら「ダーニング・ニードルだ！　ダーニング・ニードルだ！」とわめいてかくれ場を探したものだ。

トンボは刺したりしないという本を読んで間もなく、僕は海岸でこのダーニング・ニードルに出くわした。みんなたちまち騒然となって逃げまどいはじめたが、僕はいっかな動ぜず、「大丈夫だよ。トンボが刺すもんか」といってそこに座っていた。ところが事もあろうにそのトンボが僕の足にとまったのだ。何しろ悪名高いダーニング・ニードルが僕の足にとまっているのだから、みんな悲鳴はあげるわ、とにかく大騒ぎになった。そのまったダ中で、この「科学の天才」の僕は、トンボは絶対刺したりしないとがんばって、その場にじっと座っていたのだった。

こういう話だから僕がやっぱりトンボに刺された、というオチがつくはずだと思うかもしれないが、実はこのトンボ、やっぱり刺しはしなかった。たしかに本の言う通りだった。とはいえ正直のところ、ちょっと冷や汗ものだった。

僕はこの顕微鏡のほかに、小さな手持の顕微鏡も持っていた。とは言っても、これはおもちゃの顕微鏡の拡大レンズの部分を、僕が外して虫めがねみたいに手で持って使っていたものだ。四〇倍から五〇倍の顕微鏡用のレンズだから、根気よくやりさえすれば、ピントをうまく合わせることができた。これを持ち歩けば、表の通りでだっていくらでも物が見られたわけだ。

プリンストン大学院時代のある日、僕はこのレンズをポケットから取り出して蔦の中を這いまわっているアリを眺めた。そのとき僕は興奮のあまり大声をあげてしまった。レンズを通して僕が見たものは、アリと、アリに世話を見てもらうというアリマキだった。アリマキのついている植物が枯れはじめたりすると、アリはこれを別のところに運んでやる。そのお返しに「ハニーデュー(蜜汁)」という半分消化した汁をアリマキからもらうということは、おやじが教えてくれたから知っていた。知ってはいたが実際にこの目で見たことは一度もなかった。

さて僕が見ていると、はたせるかな、アリマキがいるところへアリが一匹やってくると、足でアリマキの周りをホトホトホトホトとたたきはじめたではないか！ 僕は見ていて胸がドキドキしてきた。すると本当に蜜汁がアリマキの後ろの方から出てくるのが見えたのだ。この汁を拡大レンズで見ると、表面張力でまるで大きなシャボン玉みたいに美しく、つやつや光っている。しかもこの顕微鏡はあまり上等でないので色収差があり、そのおかげでこの玉にわずかだが色がついて見えた。実に見事な眺めだった。

アリはこの玉をアリマキの背中からとりあげ、二本の前足でこれを宙に捧げ持った。アリどもの小さなスケールの世界は、僕たちの世界とこれほども違うのだ、何しろ水を手にとって持つことができるんだから！ 多分アリの手足には油脂性のものがついていて、水の玉を持ちあげても表面張力を破ることがないのだろう。と、このアリは口でこの玉の表面を破った。すると表面張力が破れ、その蜜汁はさっとアリの胃に吸いこまれていった。この全過程を自分の目でつぶさに見るのはほんとうに面白かった。

プリンストンの僕の部屋にはU字型の張り出し窓があった。ある日一匹のアリがこの窓枠に登ってきてうろうろしている。このアリどもはどうやって食物を見つけるんだろうと思ったら、僕はたいへん興味が湧いてきた。いったいこの連中どこへ行くのかどのようにして決めるんだろう？ ミツバチみたいに食物のありかを、お互いに伝えることができるのだろうか？ そもそもアリどもは幾何学的な感覚を持ちあわせているのか？

これはてんで素人くさい疑問だ。こんなことぐらい誰でも知っているのかもしれないが、僕は知らないんだから仕方がない。だからまず糸を持ってきてこのU字型の窓のしきいに張りわたし、折り曲げたボール紙の切れっぱしに砂糖を乗っけて、この糸からぶらさげた。アリどもがこの砂糖を偶然見つけたりしないよう、砂糖をアリの通る道から遠ざけたわけだ。つまり僕はこの実験をできるだけコントロールした状態でやりたかったのだ。

次に僕は小さな紙きれを一つずつ折り曲げて、アリを一つの場所から別のところに運搬するためのフェリーボートみたいなものをたくさん作った。そしてこれを(糸に吊した)砂糖のそばと、アリのそばとの二カ所においた。これで準備完了だ。僕はそばで本を読みながら午後いっぱい、アリがこのフェリーボートに偶然乗るのを待つことにした。アリがフェリーボートに乗るが早いか、僕はこれを砂糖のところに連れていく。二、三匹をこうして砂糖のところに運んだら、アリの中の一匹が偶然砂糖のそばのフェリーに乗ったので、これは逆にもとのところに連れて帰った。こうして僕は他のアリどもがこの「フェリー乗場」に行くようにとのメッセージを受けとるまで、どれだけの時間がかかるものかを見届けようと思ったわけだ。はじめのうちはゆっくりだったが、そのうちだんだんアリどもの往復が激しくなり、僕はアリをフェリーに乗せては行ったり来たりの大忙しになってしまった。

そこで僕はこのフェリーボート大繁昌の真最中、砂糖のところから帰るアリどもを今度は違う場所に運びはじめた。いったいアリというものは、今行ってきたばかりの場所にまた戻っていくことを学べるものか、それともその一回前に行ったところにまた行くものかどうかを知ろうと思ったのだ。

しばらくすると、もう最初のところ(ここに行きさえすれば砂糖のところに連れていってもらえるところ)に戻るアリはほとんどいなくなり、第二の場所には大勢のアリが砂糖をみつけようとして右往左往している。これまでのところでは、アリどもは今しがた来たばかりのところに行くものだということがわかった。

またほかの実験では、顕微鏡用のガラス板をたくさん並べて敷いておいて、アリがこの上に乗ると、窓のしきいのところにおいた砂糖のところに連れていっては戻る、ということもやってみた。このガラスを新しいのと取り替えたり、並べかえたりすることによって、僕は、アリが幾何学的感覚をいっさい持ち合わせていないことも証明できた。こうしてみるとアリというものは、何かがある場所を、考えてみつけることはできないとみえる。砂糖のところへ一つの行き方で行ったら最後、戻るのに近道があったって決してそれを考え出すことはしないのだ。

またガラス板を並べ直すことによって、アリが何かの跡を残していくものだということもわかった。こうなると今度はこの跡が乾いてしまうのに、どれくらいの時間がかかるか、あるいはこれをたやすく拭いとることができるかどうかなどを調べる実験は簡単にできた。僕はまた、この跡が方向を示すものでないことも発見した。紙きれに乗ったアリを紙ごとぐるぐる回してから、さっきの跡のところに戻してやると、他のアリに出くわすまでは自分がさっきとは逆の方向に歩いていることに気がつかないのだ。(後になってからブラジルにいるとき、僕はハキリアリをみつけて、この同じ実験をやってみた。ところがこの連中は、ちゃんと方向がわかるのだ。ほんの一足二足歩いたところで、食物の方向に歩いているか、食物とは逆の方向に歩いているかが、わかるらしい。そのつけてきた跡が(例えばにおいの種類をA、Bなどとすると)A—B—空白、A—B—空白とかいったような、においのパタンになっていることも考えられる。)

あるときはアリをぐるぐる輪を描いて歩かせてみようと思ったこともあるが、さすがにこれだけの跡を作らせる根気がなかった。根気さえあれば、この実験だって必ずできるはずだ。

アリの実験でもう一つ困ったことがあった。それは僕の息がかかると、アリどもがすっかりあわてて右往左往しはじめることだ。おそらくアリを食ったり、その生活を脅かしたりする他の動物に対する本能なのだろう。彼らがいやがるのは僕の息の湿気によるものか、暖かみか、においによるものかはついにわからなかったが、とにかく実験のさまたげにならないよう、アリを運ぶ間は必ず息をとめ、顔をそむけていなくてはならなかった。

僕がとてもふしぎに思ったことの一つは、アリのつける道がまっすぐできれいなことだった。アリを眺めていると、いかにも幾何学的感覚があり、自分たちの行動をちゃんと心得ているように見える。それなのにその幾何学的感覚があることを証明しようとしてやった実験の結果は、どれもこれもその逆を示すものばかりだった。

何年も後、僕がキャルテク(カリフォルニア工科大学)に移り、パサデナのアラメダ通りの小さな家に住んでいたときのことである。僕は洗面所にいて、浴槽の隅からアリが数匹這い出してきたのを見つけた。「しめた！　また実験ができる」とばかり僕は浴槽のこっちの端に砂糖をおいて、アリどもがこれを見つけるまで午後いっぱいそこに腰を据えて眺めることにした。すべては根気の問題だ。

アリが砂糖をみつけたとたん、僕は用意しておいた色鉛筆をとりあげ、その歩いていく跡をたどって線を引きはじめた。（アリが鉛筆の線をぜんぜん気にしないことはすでに実験ずみだった。どんな鉛筆の線でも平気でその上をどんどん歩いていくのだ。だからこれが実験の妨げにならないことはわかっていた。）このアリはもと来た穴をみつけるのに少し迷ったので、その跡はアリらしくなくかなりぐにゃぐにゃ曲がっていた。

次のアリが砂糖をみつけてもとの穴に戻っていくとき、僕は今度は違う色の鉛筆でその跡をなぞった。（このアリは自分が来るときつけた跡ではなく、最初のアリが戻るときつけた跡をたどって戻っていった。食物をみつけたアリのつける跡は、普通歩きまわっているときの跡よりずっと強いのだろう。）

この二番目のアリはたいへん急いでいて、ほぼはじめのアリの跡通りにせかせかと歩くのだが、あんまり歩き方が速いので前のアリがぐにゃぐにゃ曲がった跡をつけているところでは、まるで滑り下りていくみたいにまっすぐ歩く。そして「滑り下り」る間にまたもとの跡にぶつかるという調子だ。だから二番目のアリのつけた跡は第一の奴のより、かなりまっすぐになってきた。こうしてアリが次々と戻っていくにしたがい、その急ぎようとずさんなたどり方によって跡はしだいにまっすぐになっていった。

こうして八匹か一〇匹かのアリの跡を色鉛筆でたどってみたところ、しまいには浴槽の周りをめぐってほとんどまっすぐの線が通るようになった。ちょうどスケッチをしているとき、はじめは線描の線がめちゃくちゃだが、何回かなぞっているうちに、だんだん良い線がでてくるようなものだ。

子供の頃よくおやじがアリというものがどんなにすばらしい生き物で、みんな絶えず協力しあって生きているものかということをきかせてくれたのを覚えている。僕は数匹のアリがチョコレートのかけらを巣に持って帰ろうとするのを見たことがあるが、一見非常に能率的で賢い協力作業のように見えても、よく気をつけて見ると協力なんてとんでもない話だ。どいつもこいつも何かほかのものがチョコレートを持ち上げているとでも思っているのか、あっちへ引っぱったりこっちへ引っぱったりするかと思えば、他の奴が引っぱっているというのに、そのチョコレートの上に這いあがってみたりする。だからチョコレートは、あっちへぐらぐら、こっちへぐらぐら、方向などてんでめちゃくちゃだ。とてもすうっとスムースに巣の方へ運ばれるなんてものではない。

ブラジルのハキリアリにせよ、確かにすばらしいには違いないが、ただ一つ抜けたところがある。なぜ進化の過程でこれが淘汰されなかったのか、ふしぎなぐらいだ。このアリが葉っぱを一片切りとるには、口で半円形に葉を切って行くのだが、これはけっこう大変な作業だ。ところがやっと切り終わったところで、切っていない方の葉を引っぱったあげく、せっかく今しがた切ったばかりの葉を下に落としてしまうのが一〇中五の割合だ。アリの二匹に一匹は切ってない方の葉をえいやえいやとばかり引っぱるが、どうしてもうまくいかない。するとしぶしぶあきらめてまた別のところを切りはじめる。しかも他のアリの落とした葉はおろか、自分の切って落とした葉さえ拾おうとはしない。だからよく見ていると、ハキリアリが葉を切って巣に運ぶ作業は、まず葉のところへ這いのぼって丸く葉を切りとる、そして半分は切った方でなく残した方の葉を引っぱって、せっかく切った方は空しく下に落としていく……というものだから、お世辞にも能率的などと言えた義理ではない。

プリンストンでは、窓からずいぶん離れていたのに、僕がジャムやパンなどをしまっておく場所をアリたちに見つけられてしまったことがある。気がついたときには、長い長いアリの行列が居間の床を横切っていた。ちょうどそのとき、僕は例のアリの実験の最中だったから、さっそく「よし、どうすれば一匹も殺さずにアリどもを食料置場から追っ払えるだろうか？　何しろアリは人道的に扱わなくちゃならんから毒は使えない。何かいい考えはないものか」と考えはじめた。

そして次のような方法を考えだした。まずアリが部屋に這いこんでくる入口からちょっと離れたところに砂糖をおいた。アリどもの知らない場所である。それからまたフェリーボートを作って、食物をとって帰ってくるアリがこのフェリーに乗っかると、これを砂糖のところに連れていきはじめた。一方僕のスナック置場に向かって這っていく連中も、うっかりフェリーに乗る奴はみんな砂糖のところに連れていった。そのうちアリどもは砂糖から入口までの道をつけはじめたから、この新しい跡がどんどん強くなる一方、古い方の跡を使うものはだんだん少なくなっていったわけだ。三〇分もすればその跡は乾いてしまうのはわかっている。こうして一時間後にはアリどもは僕のスナック置場から完全に出払ってしまった。床を拭いたわけでも何でもない。ただフェリーでアリを運んだだけのことである。

3　ファインマンと原爆と軍隊

消えてしまう信管

アメリカではまだ宣戦が布告されていなかったが、ヨーロッパではもうすでに戦争が始まっていた頃、アメリカでもやっぱり戦争準備態勢だの愛国主義だのという話でもちきりだった。ビジネスマンが自分から軍隊の訓練を受けに、ニューヨーク州のプラッツバーグに行くことを申し出た、などという記事が新聞の紙面いっぱいにでかでかと出たりした。

おかげで僕までが何か国の役にたつことをやらねば……という気になってしまった。そこでMIT(マサチューセッツ工科大学)を卒業したあと、フラタニティのもとメンバーの一人で、軍の通信部隊にいたモーリス・マイヤーに連れられて、部隊の大佐に会いにニューヨークまででかけていった。

「僕も祖国のために役立ちたいと思います。僕は技術屋ですから、そういった方面で何か貢献できるのではないかと思っているのですが」と言うと、大佐は

「そうだな。やっぱりプラッツバーグの新兵訓練所に行って基礎訓練を受けた方がいいだろう。それからなら君を使えるかもしれん」と言った。

「しかしもう少し直接に僕の技能を使えないものですか？」

「いや、これが陸軍の組織というものだ。とにかく慣例通りにやってもらいたい。」

僕は外に出ると公園に行って腰をおろし、しばらく考えることにした。ずいぶん考えぬいたあげく、どんな貢献をするにしても、軍の連中の言う通りにやるのが一番賢明かなとまで思いはじめた。だがそこであきらめずに、もう一歩考えを進めたのは何とも幸いだった。「こんなばかばかしいことは止めだ！　もう少し時期を待とう。そのうち僕をもっと効果的に使えるようなことがおこるかもしれない。」

そこで僕はプリンストンの大学院に入って勉強を続け、春になると例の通りニューヨークのベル研究所にアルバイトを申し込んだ。僕はトランジスタを発明した、あのビル・ショックレーの案内で、ベル研究所の中を見て歩くのが何より楽しみだった。所内の部屋の一つに図の描いてある窓があったのをよく覚えている。ちょうどそのときはジョージ・ワシントン橋の工事中で、研究所の連中はその進行状況を窓ごしに観察していたのだ。まずはじめに主要ケーブルがとりつけられたとき、彼らはもとの曲線を描いておいたので、そのケーブルから橋が吊られ、カーブが放物線になっていくにつれて、そのわずかな誤差を計ることができたわけだ。こういうことこそ僕がぜひともやりたいと思っていたことだった。僕は彼らに絶大の尊敬を抱いており、いつの日か彼らといっしょに働きたいものと思っていたのだ。

その日は研究所員が何人かで僕を昼食に誘い、魚介類を食べさせるレストランに連れていってくれた。みんなその日はかきが食えるというのでほくほくしている。ところが海のそばで育ったというのに、僕はあんなものは見るのもいやなのだ。かきどころか魚だって苦手だった。

だが僕は「いや、ここが勇気の見せどころだ。思いきってかきを食べるんだ」と自分で自分に言いきかせた。

そしてかきを一つ口に入れたが、何がいやといってあれほどいやな味はない。だが僕はまた「これくらいでは勇気を見せたことにはならん。どんな味のものかよく知らないで食べたからって、ちっとも自慢にはなるまい」と考えた。

他の連中はみんな、このかきは実にうまいとしきりにほめちぎっている。しかたなく僕は第二のかきを口に放りこんだ。今度は味を知っているだけに、最初のやつを口に入れるよりもっと辛かった。

ベル研究所にはもう四回か五回行ったことになるのだが、このときはじめて僕は採用された。あの頃他の科学者たちといっしょに仕事のできるような職をみつけるのは非常にむずかしかっただけに僕はよけい嬉しかった。

ところがこのすぐ後、プリンストンでちょっとみんなを興奮させるようなことが起こったのだ。陸軍からトリチェルという将軍がやってきて、「軍は物理学者を必要としている。物理学者は陸軍にとって非常に重要な人材である。物理学者が三人、どうしても必要だ」と一席ぶったのだ。

その頃はといえば、物理学者というものがいったい何者なのか知っている人間はほとんどいなかった時代だ。何しろアインシュタインまで数学者として知られていたぐらいだから、わざわざ物理学者を名指しで欲しがることなど稀だったのだ。だから僕はさっそく「これこそ僕が祖国に貢献する絶好のチャンスだ」とばかり、陸軍で働くことを申し出た。

ベル研究所に、その夏は陸軍で働くことを許してほしいと願い出たところ、そんなに軍の仕事がやりたいのなら、こっちにも戦争のための仕事がいくらでもあるから、それをやればいいではないかと言ってくれた。しかしすっかり愛国心にかられていたおかげで、僕はこのときほんとうに惜しい機会を逸することになってしまった。今考えれば、ベル研究所で働く方がずっと賢明だったわけだが、あのような時勢には誰しも少し頭がおかしくなるものなのだ。

　僕はフィラデルフィアにあるフランクフォート軍需工場に送られて、そこで恐竜という名の大砲の方向指示に使う機械式計算機の仕事をやることになった。飛行機が飛んでくると、砲手は望遠鏡でこれを追うわけだが、歯車やカムなどを使った機械式計算機で、その飛行機の飛んでいく先を予知しようというものだ。この計算機は設計といい、できばえといい、ほんとうに見事なもので、中でも重要なアイデアは、円形でない歯車だった。この歯車はちゃんとかみ合うのに円形でないのだ。その半径が変化するから、一つの軸は他の軸の関数として回るのである。しかし残念ながらこの計算機は、間もなくこうした古い型の計算機最後のものになってしまった。その後すぐに電子計算機が登場したからである。

　あんなに軍にとって物理学者が大切だなどと吹いたくせに、僕がまず手はじめにやらされた仕事は、歯車の図を見てその数が正しいかどうかを調べる仕事だった。ずいぶん長い間これをやらされたが、そのうちその部門の責任者の男が、僕はもっと他に使い道があると気がついたらしく、時がたつにつれ、いろいろ相談してくれるようになった。

　フランクフォートにいた機械技師の一人に、年がら年中何かを設計している設計魔がいた。ところがこの男の設計ときたら、どれ一つとして正しくできあがったためしがない。一度など歯車を箱いっぱいに設計したのはいいが、その歯車の一つたるや直径八インチもあって、そのスポークが六本もあるというしろものだった。その男はすっかり興奮して「ねえボス、どうです？　え？　どんなもんです？」としきりにきく。するとボスは「うん、まあなかなかいいよ」と答えた。「あとはスポークの一つ一つにつけるシャフト・パッサーの仕様さえつければいいんだ。そうすりゃ歯車が回るというもんだからね！」この設計魔、スポークの間をすりぬけてしまうような軸を設計したのだ！

このボスにあとから教えてもらったのだが(僕は冗談かと思ったら)、そのシャフト・パッサーなどというしろものが実際にあるのだそうだ。これは戦争中ドイツ軍が発明したものだ。海の中に沈めてあるドイツの機雷は、その深さを一定に保つためにケーブルで繋留してある。そのケーブルをイギリス側の掃海艇にひっかけられないようにするのが、このシャフト・パッサーの機能である。このシャフト・パッサーさえあれば、掃海艇のケーブルはまるで回転ドアを通っていくみたいに、ドイツ側のケーブルの真只中をするする通りぬけてしまうわけだ。だからそのシャフト・パッサーを、スポークの一本一本にとりつけることはできたわけだが、むろんボスはそんな面倒なことを本気でやれと言ったわけではない。設計をやり直して軸をもっとまともなところへつけろということだったのだろう。

陸軍では仕事の進行状況の視察のため、ときどき何とかいう中尉をよこすことになっていた。ボスは僕らのグループは民間人からできている部なんだから、中尉は僕たちの誰よりも高いランクにあるのだと言った。そして「中尉には何も言うなよ」と僕たちに忠告してくれた。「いったん僕らのやっていることの内容がわかったと思いこんだら最後、とんでもない命令を下しはじめて、せっかくの仕事をめちゃくちゃにするに決まってるんだから。」

もうその頃には僕もいろんなものを設計する仕事をやっていた。だが視察に来た中尉には、自分はただ命令に従っているだけで、いったい何をやっているのかさっぱりわからないふりをし通した。

「ファインマン君。君はここで何をやっておるのかね？」

「ええと、僕は角度を次々と変えては、こう線を引いていきまして、それからこの表に従って中心からいろいろな距離を測ることになっております。それからこれをこう置きまして……」

「それでこれはいったい何だね？」

「はあ、カムだと思いますが……」実を言えば、これを設計したのは当の僕なのだが、いかにも誰かがいちいち僕の仕事を指図したようなふりをし通してやった。中尉はこの調子で、ほんとうのことは誰からもきき出せず、おかげで僕らは余計な邪魔をされずに、この機械式計算機の仕事を続けたというわけだ。

ある日この中尉がまた視察に現われて、いとも簡単な質問をした。「観測手と砲手が同じ場所にいなかった場合どうするのか？」

僕らはギョッとした。何しろ僕たちは角度と原点からの距離を使って、極座標での計算機を設計しているわけだ。XY座標なら、違う位置にいる観測手の分を補正するのは、足し算と引き算だけで簡単にできるが、極座標となると話は別でたいへん厄介なことになる。

結局僕たちが何も指図されまいとして避けていたその中尉の方が、僕らに非常に大切なことを教えてくれる結果になってしまった。僕たちはこの装置を設計するにあたって、観測地点と大砲とが同じ地点にない場合を考えに入れることを、きれいに忘れていたのだ。いやはやこれを設計し直すのには、ずいぶん骨が折れた。

夏も終りに近づいた頃、僕ははじめて本式の設計の仕事をもらうことになった。それは一五秒ごとに一点ずつ出る点の組から連続曲線を描いていく機械である。もとはイギリス人が発明した飛行機の位置を探知する新装置で、「レーダー」と呼ばれていた。それまで僕は機械設計など一度も手がけたことがなかったんだから、いささかおそろしかった。

僕は仲間のところに相談に行った。「おい、君は機械技師だろ? 僕は機械のことは何も知らないのに、この仕事をもらったんだが……」すると彼は事もなげに「そんなの何でもないさ。教えてやるよ。こういう機械を設計するのに、知っておかなくちゃならないルールが二つあるんだ。まず第一は各ベアリングでは摩擦がこれこれで、各ギア連結点ではこれこれだ。それを知ってさえいれば、これを駆動するのにどれだけの力が要るか計算できるだろ? 第二は歯車比がたとえば2対1として、これを10対5にすべきか、24対12か、48対24にしたものかと迷っているとすると、これを決めるのにはこうすればいいんだ。まずボストン・ギア社のカタログを見て、そのリストの中ほどの歯車を選ぶんだ。リストの高い方にある歯車は歯がたくさんありすぎて作るのが厄介だ。もしもっと細かい歯が作れるくらいなら、もっとリストの高い方の歯車があるはずだろう? 逆にリストの低い方の歯車は歯が少なすぎて折れやすい。だから良い設計ってものは、リストの真ん中あたりの歯車を使うもんだってことさ。」

その忠告のおかげでこの機械の設計はたいへん面白かった。とにかくリストの中ほどの歯車を選び、例の技師が教えてくれた二つの数字を使って、トルク(回転力)をちょっと加えていくだけで、僕にも機械技師のまねができたのだ。

さて夏が終わっても軍は僕をプリンストンに帰したがらない。愛国心がどうのこうのとさんざんたきつけては、僕がとどまれば、自分で指揮できるプロジェクトを一つまるごとくれてもいいなどと言う。

そのプロジェクトというのは、照準器とよばれる機械を設計しようというものだった。これは僕たちが前に設計した例の計算機に似ていたが、ただ今度は射撃手が相手の飛行機と同じ高度で後を追っているという想定だから、この方がずっと簡単だと僕は思った。射撃手は、僕の設計する機械にその高度と、追っている相手の飛行機とのだいたいの距離を入れれば、銃が自動的に正しい角度に傾いて、信管をセットするというものだ。

僕はこのプロジェクトの総指揮者として、アバディーンまで発火表をとりに出かけることになった。すでに予備データはあったが、この設計の対象になる飛行機の飛ぶ高度については、どういうわけかほとんどデータが見あたらない。電話でこのわけをきいて僕は驚いた。軍で使おうとしていた信管は、時限式の信管でなくて、いわゆる導火線式信管という火薬を使った旧式な奴だとわかったのだ。この信管は、あのような高度ではぜんぜん使い物にならない。何しろ空気の希薄なところでは、ブスブスくすぶって消えてしまうのだ。

僕はいろいろな高度での空気抵抗の補正をすればそれでいいと思っていたのだが、軍の連中が僕にさせようとしていた仕事はそうではなかった。僕の役目は、信管が役に立たないというとき、それでもなお砲弾がちょうど良い時点でうまく破裂するような機械を発明することだったのだ！

こんなむずかしいことが僕にできるものか。僕はそう思ったから、さっさとプリンストンに帰ってきてしまった。

猟犬になりすます

ロスアラモス時代には、ちょっとでも暇ができると、車で二、三時間のところにあるアルバカーキの病院に入院している妻を訪ねた。ある日のこと、すぐに病室に入れなかったので、本でも読もうと思って僕は病院の図書館に入っていった。

そのとき読んだ『サイエンス』誌に、ブラッドハウンドはなぜ良く鼻が利くのかという記事がのっていた。その記事には、ブラッドハウンドというものは、鼻で嗅ぐだけで人の触ったものを当てることができるなど、いろいろな実験の結果が出ていた。僕はそれを読みながら、ブラッドハウンドが鋭い嗅覚で人の跡をつけたりできるのはなるほど大したものだ、それにしても人間の僕らの鼻は実際どのくらい利くものだろうかと考えはじめた。

面会時間になったので、僕は妻の病室に入っていってさっそく「今日は実験をやってみようよ。そこにあるコカコーラのびんは、しばらく触ってないんだろう?」(六本パックのコカコーラの空びんが交換のためとってあった。)

「ええ、触ってないわ。」

そこで僕はびんにじかに触らないようにして、それを彼女のところに持っていった。「よし。これから僕がちょっとの間部屋の外に出るからね、その間にびんを一つ手に取って二分くらい触ってから、またもとに戻してごらん。そしたら僕が戻ってきて、君がどのびんに触ったか当てて見せるから。」

そう言って僕が部屋の外に出ると、妻はびんを一つ手にとって、しばらくの間これを手に持っていてもとに戻した。何しろ僕はブラッドハウンドではないんだから、かなり長い間触ってもらわなければ困る。あの記事によるとブラッドハウンドの方は、ちょっと触っただけのものでも当てられるとのことだった。

僕が部屋に戻ってびんを調べると、あっけないくらいすぐにわかった。何しろびんの温度が違うんだから鼻でわざわざ嗅ぐ必要もない。温度だけでなく、においでもすぐわかった。顔の近くにもってきただけで、そのびんだけ少ししめっぽく温かいにおいがするのだ。あまり簡単にわかってしまったので、この実験は失敗だった。

そこで僕は本棚を見て「そうだ、この本は君がしばらく読んでいないんだろう?今度は僕が外に出ている間に、一冊本を取ってちょっと開いてみるんだ。ただ開くだけだよ。それからまた閉じて棚に戻してごらんよ」と言った。

　僕がまた部屋の外に出ている間に、妻は本を一冊取り出し、一回開いてまた閉じるとこれを棚に戻した。僕が病室に戻って嗅いでみると、これまた何のことはない、ただ嗅ぐだけであっけなくすぐわかってしまった。においのことなどあまり説明したことがないから、適当な言葉が見つからないが、とにかく本を一冊ずつとっては鼻のところに持っていって、二、三度くんくんとやるとわかるのだからふしぎだ。人の触った本には全然違うにおいがするのである。しばらく触らずに放ってあった本は、乾いた味気ないにおいがするが、人の手が触れた本というものは、何となくしめっぽい特有のにおいがするものだ。

　僕らはその日いろいろな実験をやってみたが、それでわかったことは、ブラッドハウンドの嗅覚もたしかに鋭いが、人間の鼻だってそう人が思うほど馬鹿にしたものではない、ということだった。ただ人間の鼻は地上から離れた高いところについているだけの話だ！

（我が家の犬は、家の中で僕がどっちの方角へ行ったか、ちゃんと知っている。ことに僕がはだしだと、その足跡のにおいですぐわかるらしい。そこで僕はじゅうたんの上に四つん這いになって、自分の歩いたところと、そうでないところとが嗅ぎわけられるものかどうか、くんくん嗅ぎまわってみたが、これは全然だめだった。だから犬の方がむろん僕なんぞよりはるかにうわてだ。)

それから何年もたって、僕がはじめてキャルテクに来たとき、バッカー教授の家でパーティがあって、キャルテクの連中がたくさん集まったことがあった。どうしてそういうことになったのかは覚えていないが、とにかく僕はこの連中を相手に、びんやら、本を鼻で嗅ぐ話をしはじめてしまった。むろん僕はふざけた奴だという評判だったから、誰も僕の言うことを信じる者はいない。だから例によって例の如く実演しなくてはならないはめになった。

僕らはまず本棚から、じかに手で触らないように注意して、八冊か九冊の本を取り出した。それから僕が部屋の外に出ている間に、連中のうち三人がそれぞれ違う三冊の本に触った。触るといってもただ本を取りあげては開けてまた閉じたうえ、もとのところに戻しただけだ。

僕は部屋に戻るとみんなの手をくんくん嗅ぎまわり、それから本を一冊ずつ全部嗅いで歩いた。(どっちを先に嗅いだかは、もう忘れたが。)そして人間の方を一人まちがっただけで、本は三冊ともちゃんと当てて見せたのだ。

それでもまだ連中は信用しない。僕が手品をやったんだと思いこんで、どんなトリックを使ったのか、みんなで探り出そうとしている。見物人の中にサクラをおいて合図させる手品は、よく知られた術だ。だからみんなはそのサクラはいったいどいつかというので、詮議しきりである。そのときヒントを得たのだが、こんなトランプの手品も悪くない。つまりこっちが部屋の外に出ている間に、誰かにトランプの束からカードを一枚抜きとらせ、すぐにまたもとに戻してもらう。そこへこっちが戻ってきて、そのカードのにおいでどれに触ったかを当てて見せる……という手品だ。「僕はブラッドハウンドだ。この良く利く鼻で君の触ったカードをぴたりと当ててごらんにいれよう。カードを全部嗅いで、君の抜きだしたカードをみんごと嗅ぎあてて見せるぞよ」と僕が宣言することにする。もっともこんな前口上を言おうものなら、もう僕が実際に何をやって当てるのかということなど、皆てんから信じてくれなくなるに違いない！

　人の手というものはそれぞれ異なったにおいがするものだ。だから犬は人を嗅ぎ分けられるのだ。諸君も一度ためしてみるとわかるが、人の手はみんな何となくしめっぽいにおいのするもので、煙草を吸う人の手は、吸わない人の手とは全然ちがうにおいがする。また女の人の手は、いろいろな香料のにおいがする。ましてやポケットに手をつっこんで小銭をジャラジャラやった人の手など、すぐにわかるものだ。

下から見たロスアラモス*

「下から見たロスアラモス」とは文字通り下っ端の目で見たロスアラモスという意味だ。なるほど今では僕もこの分野で少しは名を知られるようになったが、あの頃はまだペイペイの駆け出しで、マンハッタン計画の仕事を始めた頃は、まだ博士号さえ持っていなかった。ロスアラモスの想い出話をする人達は、ほとんど高い地位にあって重大な決断を下さなくてはならない立場で苦悩した人々だが、下っ端だった僕はそんな重大責任を負わされることもなく、いつも下の方でフワフワとび歩いていたのだ。

* 一九七五年カリフォルニア州立大学サンタバーバラ校で行なわれた「科学と社会」サンタバーバラ年次講演シリーズ第一回からとったもの。「下から見たロスアラモス」は、L・バダッシュ他編『ロスアラモスの思い出。一九四三年〜一九四五年』として出版された九回にわたる講演シリーズのうちの一篇である。版権所有者は一九八〇年、オランダ、ドルドレヒト市、D・ライデル出版社。

そもそもことはプリンストン大学院の研究室に始まる。ある日僕が部屋で仕事をしていると、ボブ(ロバート)・ウィルソンが入ってきた。実は極秘の仕事をする金が出たという。ほんとうは誰にも口外してはいけないのだが、内容さえ聞けば君だって即座に参加すべきだと思うはずだ。だからあえて説明する、と言うのだ。そしてウランのさまざまな同位体を分離して、ゆくゆくはそれで爆弾を作る計画をうちあけた。ウィルソンは、ウランの同位体の分離過程をすでに考えだしており(結局最終的に使ったのは、彼のとは異なる分離法だったが)、これを発展させたいという話をした。話しおえると彼は「それで実は会議があるんだが……」と言いかけた。

僕は彼に皆まで言わせず、そんな仕事はまっぴらだと断わった。すると彼は「まあいい。とにかく三時に会議をやるから、そこで会おう」と言う。

「君の機密は人にもらしやしないが、僕はそんな仕事はやりたくないね。」

ボブが出ていったあと僕はまた自分の論文にとりかかったが、ものの三分もしないうちにさっきの話が頭に浮かんできて、仕事が手につかなくなってしまった。僕は部屋の中を行ったり来たりしながら考えはじめた。ドイツにはヒトラーがいて、原子爆弾を開発するおそれは大いにある。しかも向こうが僕らより先にそんな爆弾を作るという可能性は、考えただけで身の毛がよだつ。結局僕は三時の会議に出席することにした。そして四時をまわる頃には、早くも一部屋に据えられた僕用のデスクに向かって、この同位体分離法が、イオンビームから得られる全電流量によって限定されることがあるかどうか、などの計算に熱中していた。計算内容の詳細はさておき、僕はその場でデスクと紙をもらい、その装置を作る連中がすぐさま実験にとりかかれるよう、できるだけ早く結果を出すため、計算に大わらわだったわけだ。

まるで映画のトリック撮影で見る機械が、目の前でパッパッパッとみるみるできあがっていくようなもので、僕が目をあげるたびにこの計画は雪だるま式にふくれあがっていく。というのもみんながそれぞれの研究を中止して、この課題にとりくむことになったからだ。だから戦争中の科学的研究といえばこのロスアラモスで進められた研究以外は皆ストップしてしまったわけだが、ロスアラモスの研究にしたって、科学というよりむしろ工学といった方がよかった。

それまでさまざまな研究に使われていた装置は今や一カ所に集められ、ウランの同位体分離実験の新しい装置を作るために使われることになった。この共通目的のため僕も自分の研究をしばらくあきらめることになったわけだ。(もっともしばらくしてから六週間休暇をとって博士論文だけは書きおえたが……。)結局ロスアラモスに行く直前、学位だけはもらったからそれほどの「下っ端」ではなかったのかもしれない。

プリンストンでのこの計画に参加してまず面白かったことは、いろいろな偉大な研究者に会えたことだろう。それまで僕はあまり大物に会う機会がなかった。マンハッタン計画が始まると、研究の進展を助け、ウランから同位体を分離する方法の最終的方針をうちだすに当って、僕たちに助言協力するため作られた評定委員会というものができた。この委員会には(アーサー・)コンプトン、トルマン、スミス、ユーリー、ラービ、オッペンハイマーという面々が顔を揃えていた。僕は同位体分離過程を理論的に理解している人間として、説明を求められたり質問を受けたりしたときのため、この委員会を傍聴することになっていた。

さてその会議では、誰か一人が意見を述べると、今度はちがう者(例えばコンプトン)がそれに対し異なる意向を説明する、という形で進行する。コンプトンが「これはこうあるべきだ。自分の言っていることは正しい」と言うとすると、また別な男が「うん、まあそうかもしれん。しかしそれに反するこのような可能性もあるぞ」などと言う。

こういう風にして卓を囲む連中が、てんでに一致しないような意見を述べたてる。聞いていて僕は、コンプトンがさっき言った自分の意見をもう一回繰り返して強調しないのが気になっている。ところが終りに議長のトルマンが「まあこうしてみんなの意見を聞いてみると、コンプトン君の意見が一番よさそうだから、この線でいこう」と言う。

この会議のメンバーは、皆それぞれ新しい事実を考えにいれて実にさまざまな意見を発表していながら、一方ではちゃんと他の連中の言ったことも覚えているのだ。しかも最後には一人一人の意見をもう一度繰り返してきかなくても、それをちゃんとまとめて誰の意見が一番良い、と決めることができるのである。これを目のあたりに見て僕は舌を巻いた。本当に偉い人とは、こういう連中のことを言うのに違いない。

最終的には、ウラン分離にウィルソンの方法は使わないことが決まった。このときになって僕たちは、ニューメキシコ州のロスアラモスで実際に原爆を作る計画が始まるので、今までここでやっていたことは中止し、全員ロスアラモスに集まってさっそくこの仕事にとりかかるよう指令を受けた。その現場では実験と理論的研究と二本立てで進めていく必要がある。僕はその理論的研究の方に入り、他の連中はみんな実験にまわることになった。

さてロスアラモスの準備がととのうまでの間、何をすべきかがまず当面の問題だ。ボブ・ウィルソンはこの間の時間をむだにしないため、いろいろなことを計画したが、その一環として僕をシカゴに出張させた。例の爆弾とこれにまつわる諸問題について、シカゴのグループから学べることは全部学んでくるのが目的だ。そうすればさっそく僕たちの実験室で、ロスアラモスで使う装置や計数器などを作り始められるから、時間のむだがはぶけることになる。

シカゴ行きにあたり、僕は次のような指令を受けた。まずグループの研究に協力するというふれこみで、各グループに出むいては、僕自身その場で実際に仕事が始められるくらい詳しく問題を説明してもらう。そうしてそこまでいったら、また別のグループに行って別の問題を聞いてくるように、というのである。そうすればどのグループの研究についても詳しく理解できるというわけだ。

これはなかなか良い考えに違いなかったが、僕はどうも気がとがめてしかたがない。何しろみんな一所懸命にその問題を説明してくれるというのに、僕はそれをさんざん聞いておいて「はいさようなら」とばかり逃げだすのだ。だが運よく向こうを助けることもできて少しは気がすんだこともあった。たとえばグループの一人が問題を説明してくれているときに、僕が「それなら積分記号の中で微分してみてはどうですか？」と言ったところ、今まで三カ月もかかって苦闘していた問題が三〇分ぐらいであっさり解けてしまった。例によって僕の「毛色の違った道具」が役に立ったのだ。

こうしてシカゴから帰ってきた僕は、この同位体分離によって放出されるエネルギーの量や、その爆弾のしくみの予想などについて現状報告をすることができた。この報告のあと、友人の数学者、ポール・オーラムが来て、「今に見てろ、これがあとで映画にでもなるとしたら、きっとりゅうとした背広を着こんで皮カバンか何かをさげた学者がシカゴから帰ってきて、もったいぶってプリンストンの学者の面々を前に原爆の報告をする、てなことをやるんだろうが、君ときた日にゃこの重大な画期的大計画を語ろうというのに、よれよれのワイシャツ姿で威厳もへったくれもないんだからなあ」となげいた。

計画はまた何かの理由で遅れ遅れになっていた。そこでとうとうウィルソン自らいったい何でこう渋滞しているのか調べるため、ロスアラモスに乗りこんでいった。行ってみると現場では建築業者が懸命に働いており、もう講堂など彼らの作れる建物はすでにできあがっているのに、実験室がまだだった。実験に必要なガス管や水道管の数などがはっきりしていなかったため作りようがなかったのだ。ウィルソンは、すぐさまその場でガス管何本、水道管何本と決めていき、さっそく実験室の建築にとりかかるよう指示して帰ってきた。

ウィルソンが戻ってくる頃には、僕らはもうすっかり準備をすませて待ちくたびれていた。そこでもう準備なんかできていなくてもいいから、とにかくみんなでロスアラモスにおしかけようということに衆議一決した。

僕たちはオッペンハイマーその他の連中に引き抜かれたことになるのだが、オッペンハイマーは実に忍耐強い人で、僕たち一人一人の個人的問題にも深い思いやりを示してくれた。彼は結核で寝ている僕の妻のことをたいへん心配してくれて、ロスアラモスの近くに病院があるかどうかまで気をつかってくれた。僕は彼にそのような個人的立場で会ったのははじめてだったが、その親切さは身にしみた。

僕たちは何をするにも細心の注意を払って行動するようにとの指示を受けていた。たとえばプリンストンのような小さいところで、大勢の人間がニューメキシコ州のアルバカーキ行きの切符でも買おうものなら、さては何かあるらしい、とたちまち疑われることは必定だ。だからみんな汽車の切符でさえプリンストンで買わず、別の駅で買ったくらいだった。ほかの連中がよそで買うのなら、一人くらいプリンストンで買っても大事あるまいと思った僕だけは例外だったが……。

僕がプリンストンの駅に行って「ニューメキシコのアルバカーキまで」と言ったとたん、駅員に「ああ、それではあのたくさんの荷はあなた行きだったんですか！」と言われた。もう何週間というもの、僕たちは計数器のいっぱいつまった荷箱をどんどん送り出していたのだ。だからアルバカーキに行く僕という人間があることで、やっとたくさんの荷物が送られるかっこうの理由が見つかったわけだ。

さてアルバカーキに着いてみると、寮だの家だのというものはまだ全然用意ができておらず、実験室さえまだ完全にはできあがっていなかった。実はこうしてスケジュールより早くおしかけて、作業を急がせようという魂胆だったのだ。当局は大慌てでそこいら一帯の農場の家などを借り占めたので、僕たちはしばらくの間そういう農家に泊っては朝出勤するという生活をすることになった。はじめて車で出勤した朝のことは特に印象に残っている。東海岸からやってきて、あんまりドライブなどしたことのない僕は、その雄大な光景に息をのんだ。絵や写真で見たような巨大な崖がある。下からドライブして上がってくると、いきなり高いメサ（周りが急な崖になっているテーブル状の台地―訳注）が現われて目を驚かせる。一番びっくりしたのは車で登ってくる途中、僕が「このあたりは昔インディアンが住んでいたところかも知れないな」と言ったときのことだ。運転していた男はやおら車をとめると、ちょっと角をまわったところへさっさと歩いていって、古い時代にインディアンの住んでいた洞穴を見せてくれたのである。それは忘れることのできない感動的な経験だった。

はじめて研究所のあるところに着いてみると、あとで塀で囲むようになっている技術区域があり、それから街のようなものがあり、そのずっと外まわりを大きな塀で囲むことになっているらしかった。だがまだ何もかもが工事中で、僕の友人で助手のポール・オーラムなど、門のところで出たり入ったりするトラックを、メモ板片手に調べ、配達する先の指図などやっていた。

さて実験棟に入っていくと、今までは物理学雑誌などに出ている論文でしかお目にかかったことのない連中に、はじめてひき合わされることになった。ところが「これがジョン・ウィリアムス君です」などと言うと、青写真の散らばっているデスクから腕まくりをした男が立ち上がって挨拶する。だがこれがじき窓から顔をつきだしては、建材トラックに大声で指図したりしている。何のことはない、つまり実験物理の連中にしてみれば、実験室の建物や装置ができるまでは何もすることがないので、建物を建てる側にまわってその手伝いをしていたわけだ。

一方理論物理の者は道具がなくても仕事ができる。そこで僕たちは農場の家に住むのをやめて現場に泊りこみ、すぐに活動を始めた。黒板は下に車のついた移動式しかなかったが、これをあっちへ転がしたりこっちへ押したりして使いながら、ロバート・サーバーが、核物理や原爆その他についてバークレーグループが考えたことを、僕らに説明してくれた。僕はロスアラモスに来るまで他の仕事をしていた関係上、がんばって勉強してみんなに追いついていかなくてはならなかった。

そういうわけで僕は来る日も来る日も文献を読んでは勉強し、勉強してはまた論文を読んだ。あの一時期は息をつく暇もない忙しさだったが、いいこともあった。ちょうどその頃ハンス・ベーテを除いて大物は皆どこかへ出払っていた。だからベーテは自分の考えをぶつけて試す相手が必要になると、僕のオフィスに入ってくる。そしてこの駆け出しの青二才相手に彼の考えを説明しては議論をふっかけるのだ。すると僕は僕で「いや違う。君は頭がどうかしてるぞ。これはこうなるはずだ」などと言う。するとベーテは「ちょっと待った」とさえぎって、頭のどうかしているのは僕の方で、彼の考えは間違っていないことを説明する……といった調子で、二人で大いに議論を闘わすのである。ひとたび物理ときけば物理のことしか念頭になくなる僕は、相手が誰であるかなどとんと忘れてしまう。だから「いや、違う、違う。君はまちがってるぞ」とか「気でもふれたか」などと、とんでもないことをつい言ってしまうのだ。だがこれこそベーテが最も必要としていることだったのだ。おかげで僕は一階級上がって、ベーテの下で手下四人をもつグループリーダーになった。

先にもふれたが僕たちがロスアラモスに着いたとき、まだ寮はできていなかった。それでも理論物理の者は現場に泊らなくてはならなかったから、まず最初に押し込まれたのは昔そこにあった古い中学校の校舎だった。そして僕は、メカニックス・ロッジという妙な建物に住むことになった。ここでは一同かいこ棚みたいな段ベッドの並ぶ部屋にすしづめに詰め込まれたうえ、ちゃんとした計画などないものだから、奥の部屋のボブ・クリスティと彼の奥さんがトイレに行くたび、この真ん中を通りぬけなくてはならないというありさまで、不便この上なかった。

そのうちやっと寮ができあがったので、部屋を決めてもらいに行くと、その場で好きな部屋が選べるという。ここで僕はたいそう知恵をしぼり、まず女子寮がどこであるかを見定め、これが見通せるよう真向かいの部屋を選んだものだ。あとで気がついたのだが、その部屋の窓の外に大きな木が生えていたのはかえすがえすも残念だった。

寮係によると、はじめのうちは二段ベッドのついた部屋に二人ずつの割り当てで、浴室は二部屋に一つずつということだったが、僕は二人部屋などまっぴらだ。

寮に入った夜、僕の部屋に行ってみると誰もいない。そこで僕はこの部屋を一人占めにしようと考えた。僕の妻は結核でアルバカーキに入院中だったが、彼女の衣類などが多少僕の手元にあったので、まずネグリジェを取り出した。そして上段ベッドのシーツを折り返すと、その上にわざとだらしなくこれをおいた。それから女物のスリッパも出して、おしろいか何かを浴室の床にこぼした。誰かもう一人いるようにみせかけたのだ。さてこの結果何が起こったか？　何しろこの寮は男子専用のはずなのだからただごとではない。

次の晩帰ってみると、僕のパジャマはきちんとたたんで下段ベッドの枕の下においてあり、スリッパも揃えてある。ベッドは両方ともちゃんと整えられて、例のネグリジェはきれいにたたまれ、上段ベッドの枕の下にあった。女物のスリッパの方もきちんと揃えてある。浴室のおしろいも掃除がすんでいて、誰も上段に寝ている様子はない。

その次の晩も前夜とまったく同じだった。朝目を覚ますと、僕は上段のベッドをくちゃくちゃにしたうえ、ネグリジェをベッドに投げかけ、浴室の床におしろいをこぼす。みんながそれぞれの部屋に落ちついて、僕の部屋にもう一人割り当てが来るおそれがなくなるまで、四日間これを繰り返した。ところが男子寮だというのに、毎日女物のスリッパもネグリジェもきちんと始末がしてあって、しかも誰も何も言わない。

そのときは知らぬが仏だったが、このいたずらのおかげで僕はちょっとした政治運動に巻きこまれることになってしまった。人間の常ながら、ロスアラモスにもいろいろな派閥があった。主婦派、機械工派、技師派などである。そこで寮住いの独身男女の中にも、「女子は男子寮に立入りを禁ず」などという新規則が公布されたからには、大いに派閥を作って政治運動をすべきだという気持ちが高まってきた。誰が何を言おうとわれわれはれっきとした大人ではないか。女子の立入り禁止など馬鹿も休み休み言え、というわけだ。政治的運動をおこすにあたり、みんな集まって話をしたあげく、僕が運営委員会で寮を代表する役員に選ばれてしまった。

寮代表になってから一年半もたった頃か、ある日僕はハンス・ベーテと話をしていた。はじめからずっと全体の運営協議会員を務めていた彼に、僕は例の妻のネグリジェとスリッパのいたずらの話をして聞かせた。すると彼は大笑いをして「なるほど、そんなことをやって運営委員会に顔を出したってわけか」と言った。

そのわけはこうだった。ある日掃除婦が部屋のドアを開けると、さあ大変、誰かが男子寮の一人といっしょに寝た形跡がある！　そこで彼女は掃除婦長に報告に走った。するとその掃除婦長が中尉に報告し、中尉は少佐殿に……というあんばいで長官のところまで伝わり、ついには運営協議会の知るところとなった。

さてどうしたものか？　協議会としてはまずこれを熟考することになった。そうして考えている間の一時的措置の指令が、またもや大佐から少佐に、それから中尉に、そして掃除婦長というふうに上から下へ掃除婦まで伝わった。「とにかく何もかも元通りにせよ。掃除し、片づけて様子を見ること」というものである。ところが次の日になるとまた同じ報告がとぶ。四日間というもの運営協議会はこの問題をどう処理するかというので頭を抱えていた。そしてとうとう「女子は男子寮に立入りを禁ず！」という規則が公布されることになったのだ。ところがその結果、下の方でみんなが大騒ぎを始めたので、その連中の一人を代表に選ばざるを得なくなったというわけだった。

さてここで僕はロスアラモスでの検閲制度の話をしたいと思う。あのときは驚くなかれ国内にいる者同士の手紙を検閲するというまったくの違法行為がまかり通っていたのだ。軍は国内の通信を検閲する権利など全然ないのに、あえてこれを実施したのである。だからこの検閲制度は、とりわけデリケートなもので、何はともあれ自発的という形にする必要があった。僕らが出す手紙には封をせず、外の人から来る手紙は開封してもいいと、僕らが自発的に承諾しているという形式にしたわけだ。僕らの手紙の内容がパスすれば係官が封をして出す。検閲官がこれはいかんと思うような手紙は、これこれの部分がお互いの「合意」に反する、というメモをつけて戻してよこすというしくみだ。

そういうわけで、ほとんどが自由主義者であるわれわれ科学者の集まっているロスアラモスの中で、非常に微妙な形で検閲制がしかれることになったのだ。むろんこれにはさまざまな規則がついていた。やりたいと思えば運営側の性格について意見を述べることは許されていたから、国会議員にここの運営は気にいらないなどと書面で苦情を言うことはできたわけだ。何か問題があれば、すぐ連絡があるということだった。

こうして検閲制がしかれた第一日目のこと、早くもジリジリジリリンと僕の電話が鳴った。

「もしもし何ですか？」

「すぐに出頭してもらいたい。」

僕が降りていって顔を出すと、さっそく「これは何だ？」とやられた。

「父からの手紙です。」

「だがこれは何かね？」

見ると罫紙に点と線がずらりと並んでいる。線の下に点が四つ、次に線の上に点一つ、また線の下に点が二つ、次は上に点二つ、点の下に点……と続いていく。

「これはいったい何だね？」

「暗号のようですが。」

「なるほど。暗号には違いないが、いったい何を言っているのかね？」

「さあ、僕にもわかりません。」

すると相手は「ではこの暗号の鍵は何だね？　どうやって解読するのかね？」とたずねた。

「さあ、僕にもさっぱりわかりませんが。」

「それではこっちのこれは何だ？」

「それは妻からの手紙です。ＴＪＸＹＷＺＴＷX^{1}_{3}と書いてあります。」

「いったいそりゃ何のことだね？」

「これも暗号ですな。」

「その暗号を解く鍵は何かね？」

「さあ、知りませんが。」

「君は暗号をもらっているのに、それを解く鍵を知らないと言うのか？」

そこで僕は「まったくその通りです。これはゲームのようなもので、父や妻に僕が解けないような暗号を送ってみろ、とけしかけたんです。だから向こうではしきりと暗号を作っては送ってよこすが、それを解く鍵は教えてくれないというわけです。」

この検閲制度の規則の一つに、普通の書面を切ったり消したりしてはいけないという一項目がある。だから検閲官はたいへん困って、「それなら暗号といっしょに手がかりも送るように相手に伝えてもらわなくては困る」と言いだした。

「でも僕は手がかりなどほしくないんですよ！」

「ではしかたがない。手がかりはこちらで見た後、取り除くことにしよう。」

とうとうこういう申し合せはできたが、それですべてめでたしめでたしというわけにはいかない。次の日妻からきた手紙には「何だか——に肩ごしにのぞかれているみたいで手紙が書きにくいわ」と書いてあったが、——のところがインク消しでしみになっている。

そこで僕は検閲所に押しかけていって、「いくら内容が気にくわなくても、外から来る手紙に手を加えることはルールに反しますよ。見てもいいが中味を抹殺してはいけないんだから……」と抗議を申しこんだ。

すると相手は「そんなばかな！　検閲するのにインク消しなんか使うと思っとるのか？　鋏を使うもんだよ、鋏を！」

そこで僕はそうですかと引き下がり、妻に「君の手紙にインク消しを使ったかい？」と手紙で問い合わせた。すると彼女から「いいえ、インク消しなんか使うもんですか。きっと——がやったんでしょう」と返事が来たが、今度は——のところが鋏で切りぬいてあった。

そこで僕はまたもや責任者の大尉のところにねじこんだ。こんなことをやっていれば大切な時間を食うのはわかっていたが、僕はこの検閲に関しては軍部に出すぎたことをさせぬよう監視する目付役のようなつもりだったのだ。大尉はしかたなく、検閲官一同検閲の仕方はちゃんと一通り習得してはいるものの、今度の場合みたいにデリケートな検閲法には不馴れなのだと弁解これつとめた。そしてそのあげく、「君、いったいどうしたっていうんだ？ 僕の善意を認めてもらえんのか？」ときた。

僕は「そうですな。そちらに善意はありすぎるほどあるのはわかっていますがね、「権威」の方はどうですかね」とからかったのは、この男がこの職について三日か四日しか経っていないからだ。彼は憤然として「権威があるかないか見ようじゃないか！」とばかり電話をわしづかみにした。その結果相互の理解が成り立ち、手紙切りはぱったりとやんだ。

それはよかったが、その他にもまだ不都合なことがたくさんあった。例えばある日妻の手紙に、検閲官のメモがついてきたことがある。「手がかりのない暗号がまじっていたので除去した」とある。

その日僕がアルバカーキに妻を訪ねていくと、「あなた、頼んでおいた物、どこにあるの？」と言う。

「頼んでおいた物って何だい？」

「リサージ（一酸化鉛）、グリセリン、ホットドッグと洗濯ものよ。」

「おう、ちょっと待った。それはリストだったのかい？」

「そうよ。」

「ははあ、あいつらが言った暗号とはそのことか。やっこさん、リサージ、グリセリンなんていうのは、てっきり暗号だと思ったんだ。」（彼女はグリセリンとリサージで接着剤を作って、縞めのうの箱を修理するつもりだったのだ。）

こういう調子だから完全に了解がいくまでには何週間もかかった。ある日のこと計算機をいじっているうちに、僕は妙なことに気がついた。１を243で割ると、0.004115226337……になる。なかなかオツな数字だ。559のあと繰り上げをやっているときは、そのパターンが少し崩れるが、そのうちまたすぐきれいな数字に戻って循環しはじめる。これはなかなか面白いわいと僕は思った。

そこでこの数字を手紙に書いて出してみると、これがすぐにさし戻されてきた。ひっかかったのだ。メモまでついていて、「一七項のBを見よ」と書いてある。検閲規則第一七項のBを見ると、「手紙は英語、ロシア語、スペイン語、ポルトガル語、ラテン語、ドイツ語、……のみで書くものとする。その他の国語を使う許可は書面によって申請すべし。」そしてさらに「暗号は禁ず」とある。

僕はさっそくその手紙にそえて検閲官あてにメモを書いた。「僕はむろんこれを暗号とは考えていません。なぜなら1を243で割れば事実これだけの数字全部が出てくるからです。したがって243という数字に含まれている情報以上のものは0.004115226337……にも含まれるはずはありません。そもそもその243からして情報などと言えたものではありません。……よって手紙にアラビア数字を使うことを許可していただきたい」という次第でこの手紙は無事通過した。

それでもまだ手紙の往復にはさまざまな問題がからんでいた。例えば妻は手紙のたびに、検閲官に肩ごしにのぞかれているようで気持ちが悪いと書いてよこす。規則としては「検閲」という言葉に触れてはいけないことになっているのだが、それはこっちの規則だ。それをいったい外部の彼女にどうやって伝えればいいのだろうか？　軍の連中は繰り返し「貴殿の夫人は検閲という言葉を使った」とメモで文句を言ってくる。なるほどまさにその通り、妻はたしかに検閲という言葉を使っている。そのうちとうとう「検閲という言葉に触れぬよう、夫人に通告されたし」というメモを送ってきた。そこで僕は次の手紙の冒頭に「僕は君に手紙の中で検閲ということに触れぬよう通告せよとの指令を受けた」と書いて出した。するとあっと言う間もなく、この手紙はポンと戻されてきた。そこで僕はまた軍部あてに「僕は妻に手紙の中で検閲ということに触れぬよう通知するようにとの指令を受けました。しかし検閲という言葉を使わずに、一体全体どうすれば彼女にこれが知らせられるのでしょうか？　しかもなぜ僕が彼女に検閲に触れるななどと、命令しなくてはならないのですか？　それともそちらで何か隠していることでもあるのでしょうか？」と書いて出した。

そもそも検閲官が僕を通して妻に、僕あてに〇〇と言ってはいかんと言えなどと言う方がおかしい。しかし彼らはちゃんと、これに対する答を用意していた。「その通りです。しかしわれわれはアルバカーキからの手紙が途中で開けられるのを危惧しているわけです。誰かがその内容を盗み読んで、検閲が行なわれていることを悟るかも知れない。また何とか、夫人にもっと普通にふるまってはいただけないものでしょうか？」

そこで僕は次にアルバカーキに行ったとき、妻に「まあいいから、もう検閲に触れるのは止めにしよう」と言った。とはいうものの、今まであんまり面倒なことが重なったので、とうとう二人で暗号を作ることにしたが、これこそ違法行為だ。僕が署名したあとに点を一つ打つと、またまたトラブルがあったということだ。その場合、妻は自分で作りあげた策略のうちの一つを実行する……といった調子だ。何しろ彼女は病気で安静にしていなくてはならない。そこで退屈しのぎに、いろいろなことを考え出すのだ。彼女はしまいに、これは普通に見つけた広告を送ってよこした。それは「ジグソーパズルの手紙を、ボーイフレンドに送りましょう。空白のパズル板をお買い求めになり、これに手紙を書いてバラバラにほぐし、袋に入れて投函するだけです」というものだったが、これには検閲官のメモがついて届いた。メモには「われわれはゲームなどやっている暇はない。夫人に普通の手紙の範囲内で文通されるよう、通達されたし」とあった。

さて僕らはもう一つうまい策略を用意して手ぐすねひいていたのだが、これを実行に移す直前に、すべておさまりがついたので使わずに済んだ。そのトリックとは、まず僕が手紙の冒頭に「約束通り君の胃のためにペプトビズモル(胃散)の粉を同封しておいた。この封筒を慎重に開けることを覚えていてくれればよいがと思っている」と書くのである。封筒の中には胃散がいっぱいつまっている。検閲所でこれをいそいで開けると、粉がそこいら中にぱっと飛び散る。何しろ検閲中決して書簡中のものを乱してはいけないことになっているのだから、係官は大いに慌てて床のペプトビズモルの粉末をかき集める……という想定だ。この策略はとうとう使わずにすんだ。

以上の通り検閲にかけては大分経験を積んだので、何が通り何がひっかかるかということが、手に取るようにわかってきた。僕ほどこれをよく知っていたものは他にないから、この知識を利用して賭をしてはちょっとしたもうけをしたものだ。

ある日のこと、僕は遠くに住む工夫たちが門から入るのをめんどうくさがって、塀に穴を開けて出入りしているのを発見した。そこで僕は門から出ていっては、その穴から中に入り、また門から出ていくという過程を何回か繰り返した。続けてやっているとうとう門衛の軍曹がはてな？と気がついた。この男、一度も門から入ってこないのに、何でこう何回も出ていけるのだろう？むろんここで下士官がまず考えそうなことは、いち早く上官に報告して僕をとっつかまえ、牢にぶちこむことだ。僕は軍曹に塀に穴があることを教えてやった。

つまり僕はいつも人の誤りを正すことに、これつとめていたのだ。塀の穴のことも手紙に書いて、必ず検閲にひっかからずに出してみせると言いはって、それを信じない奴と賭をした。ところが僕の言った通りこの手紙は無事に検閲を通りぬけたのだった。これにはコツというものがあるのだ。「所内の間抜けな管理ぶりときたらまったくおめにかけたいようなものです。（こういう批判はしてもいいことになっていた。）○○のところから七一フィート離れた塀の一カ所に、これこれの大きさで人が一人歩いて通れるぐらいの穴があいています」と書いたのだ。

さて軍部はこれには困り果てた。そんな穴などないと僕に否定してみせるわけにもいかない。さてどうしたものか？　そんな穴があるとは厄介な話だ。何としてもふさがずばなるまい。というわけで、この手紙はちゃんと検閲をパスしたのだった。

この他にも僕は、ジョン・ケメニーという僕のグループの一員が、夜中に起こされて強い光で顔を真正面から照らされたという事件を書いた手紙も、ちゃんと通して見せた。誰か知らないが軍の馬鹿者の一人が、ジョンの親父が共産主義者だとか何とかいうことを探り出してこのいやがらせに及んだのだ。ちなみにこのケメニーは今では有名な人である。

この他にもいろいろなことがあった。さっきの塀の穴の例のように、僕はいつも間接的なやり方で問題を指摘しようと努力していたのだが、その中にはこんなこともあった。原爆の仕事の始まった当初、僕たちは非常に重要な秘密を抱えていたわけだ。ウランや原爆についての情報、その反応過程などを懸命に研究した結果は、すべて公文書になって木のファイルキャビネットに収められており、これにごくありふれた小さな南京錠がかけられていた。むろん錠前に通すようになっている棒や、それをおさえる錠など、所内の作業場で作られたものもあったが、錠自体は例外なしに南京錠だったのだ。おまけにこの南京錠など開けなくたって書類はいくらでも出せたのである。このファイルキャビネットを、ちょいと後ろに倒すと、一番下の引出しに紙をおさえるための棒がついており、その下の板には幅の広い長い穴があいていて、そこからいくらでも書類が引っぱり出せるのだ。

僕はいつも鍵なしに錠前を開けて見せては、こんなものはわけなく開いてしまうことを指摘していた。ことにみんなの集る集会では必ず立ち上がって、重要な機密がたくさんあるのに、それをあんなちゃちなキャビネットなんかにいれておいては危険だ、それにもっとましな錠前をつけるべきだ、と主張することにしていた。ある日そんな集会で、テラーが立ちあがり、僕に向かって「私は一番大切な機密書類は、キャビネットなんかに入れておかず、デスクの引出しに入れておくが、その方が安全じゃないかね？」と言った。

そこで僕は、「さあ、何しろ君のデスクの引出しを見ていないんだから、何とも言えないね」と答えた。

テラーは前の方に座っていたが、僕は後ろの方の席にいたので、会議が進行している間にこっそり抜け出して、テラーのデスクを見にいった。

このデスクの引出したるや錠をこじあける必要も何もありはしなかった。引出しの下から手を向こう側にさし入れれば、何のことはない。まるでトイレの紙でも引き出すみたいに、いくらでも引っぱり出せる。一枚引き出すと次のも出てくる。次のを引っぱり出すと、また次のが出てくる……といった調子で、面白いくらいだ。とうとうこの情けない引出し一つ、からにしてしまった。僕は引っぱり出した書類を全部ひとまとめにすると、階上の集会に戻った。

集会はちょうど終わったところで、みんながぞろぞろ出てきはじめた。僕はみんなにまじってテラーに追いつき、「ああそうそう。君のデスクの引出しを見せてもらおうか」と言った。「ああ、いいとも。」

僕は彼のデスクを一目見て「まあよさそうだね。さて引出しの中味を拝見しようか。」

「どうぞどうぞ」と彼は鍵を回して引出しを開けながら、「むろん君がまだ見ていないんならの話だがね」と言ったのである。

テラーのようにどえらく頭の良い男に、いたずらをするのはなかなか楽ではない。というのも、あ、ちょっと何かおかしいな、と気がついたとたんにその原因をみぬいてしまうので、こっちはちっとも楽しみを味わういとまがないからだ。

ロスアラモスで経験したトラブルの中にはかなりきわどいものもあった。テネシー州オークリッジにある工場の、安全性の問題もその一つだ。ロスアラモスでは爆弾そのものを造ることになっていたが、オークリッジではウランから、ウラン二三八と、爆発力の強いウラン二三五という同位体を分離する仕事をやっていた。そしてやっと実験的にウラン二三五を、ほんの微量取り出すことに成功しはじめたところだったのだ。しかも彼らは同時に原料精製の化学的作業もやろうとしていた。大工場を造って原料を入れる巨大なタンクを並べ、これから純度の高いものをとって精製し直し、次の過程に備えるわけだ。（この精製は数段階繰り返す必要がある。）つまり、オークリッジでは、実際の精製作業をやる一方、並行してその装置の一環から、微量のウラン二三五を取り出す実験も進めていたわけだ。しかも材料の中にウラン二三五がどれだけ含まれているかを分析する方法も習得しようとしていた。これについては、こちらからいろいろ指図するのだが、どうもうまくはいかないようだった。

そこでとうとうエミール・セグレが自ら出かけていって、オークリッジで何をやっているのか、見てくるしかないと言いだした。ところが陸軍がどうしてもうんと言わない。「ロスアラモスに関する情報は、全部一カ所に集めて他へは出さないのが方針である」というわけだ。

オークリッジの連中は、自分たちの仕事の内容はわかっていても、その結果が何に使われるのかということについては、全然知らされずにいた。あきれたことには幹部の面々すら、ウランを分離するのだということは知っていても、その爆弾の威力も知らなければ、正確にはどういう反応が起こって爆弾になるのかも知らなかったのだ。下の方の連中にいたっては、まったくかやの外に置かれたようなものだった。これこそ軍の思い通りだったに違いない。だからロスアラモスとオークリッジの間では、情報交換などというものはいっさい存在しなかったわけだ。セグレは、こんなことをしていたら分析は決してうまくいくはずはなく、結局はこの計画全体がだめになってしまうと主張し続け、とうとうオークリッジに様子を見に行くところまでこぎつけた。さてオークリッジについて、構内を歩き回っていると、工員たちが緑色の水をいっぱい湛えたガラスタンクを車に乗せて運んでいるのに出くわした。緑色の水、すなわち硝酸ウラン溶液である。

　セグレが「ああちょっと。その液が精製されても、そうやって扱うわけですか？」とたずねると、彼らはすまして「はあ、むろんです。何かいけないことでも？」と言う。

「爆発しませんかな？」

　ええっ！　爆発だって？

　軍はさっそく「そら言わんこっちゃない。だから彼らに情報を伝えてはいかんと言ったんだ。見ろ、大さわぎになったじゃないか！」と言いだした。

あとでわかったことだが、陸軍では原爆を造るのに必要な原料の量（たしか二〇キログラムとかいうものだった）は、すでに知っていたのだそうだ。ただ精製された形でそんなに多量の材料が工場内に置かれるようなことは絶対あり得ないから、大丈夫だと思っていたのだった。ただ一つ彼らが考えに入れていなかったことは、中性子は水の中で減速した状態では、非常に効果が大きくなるものだということだ。つまり水中では、空気中の一〇分の一、いや一〇〇分の一の量の材料で、放射能を出す反応を起こせるのだ。そんな反応でも起こった日には、周囲の人の命にかかわるし、危険なことこの上ない。ところがそんな安全性のことなど軍部の念頭には、これっぽっちもなかったのだ。

オッペンハイマーは、そこでセグレあてに電報を打った。「工場全体をしらみつぶしに調べること。特に彼らの設計した過程によれば、どこに材料が集中されることになるかを調べてほしい。その間こちらでは、爆発をおこさず一カ所に集中できる材料の量を計算する。」

この計算には同時に二つのグループがとりかかった。クリスティのグループは水溶液の場合、僕のグループは箱入りの乾いた粉末の場合について、いったいどれぐらいの材料であれば安全に一カ所に集めておけるのかの計算をしたわけだ。そしてクリスティがオークリッジにとんで、この状況報告をすることになった。もうこうなったらこのまま仕事を進めることは危険だ。何としてでも向こうに行って、真実を明かさなければならない。僕は計算の結果をクリスティに手渡し、これで全部だから早く行ってこいと励ました。ところがあろうことか、クリスティは肺炎で倒れ、結局僕が行かなくてはならないはめになってしまった。

生れてこのかた僕は飛行機で旅行したことがなかった。その僕の背には、機密情報が小さな包になって縛りつけてある。そのころの飛行機とは、停留所の間遠なバスのようなもので、ときどき着陸してはしばらく待ち合せがあったりする。

僕の隣に、鎖を振り回しながら立っている男がいた。「この頃は優先扱いなしで飛行機に乗るのはさぞかし大変だろうなあ」などと言う。

僕はどうしても黙っていられなくなって、「いやそれなんですがね。僕は優先扱いなんでよくわかりませんね」と言ってしまった。

しばらくするとこの男、また威張る口実を探しだした。「今日は誰か偉い大将が来るらしいな。僕たち第三種の優先があとまわしになるくらいだから。」

「はあ、僕は一向に平気です。僕は第二種優先ですから。」

この男、あとできっと国会議員にでも（むろん彼自身が国会議員でなければの話だが）手紙を書いて、「戦争中だというのに、青二才の連中を第二種優先で旅行させるとは何ごとだ！」と苦情を言ったに違いない。

それはともかくオークリッジに着いた僕は、まず工場に案内してもらった。僕はいっさい何も言わず、ただしらみつぶしに見て歩くだけだったが、状況はセグレの報告よりもっとひどかった。というのは、セグレは材料の箱が多数一室に集めてあるのには気がついたものの、その壁の向こう側にもたくさんの材料の箱がおいてある部屋があるのには気がついていなかったからだ。ほかにも気がついたことはたくさんあった。何しろ一カ所に材料がたくさん集中すれば、たちまち爆発するのだから冗談ではない。

僕は工場全体くまなく歩きまわってよく調べた。僕の記憶力はあまり上等とはいえないが、いざ集中すれば短期間の記憶力は相当ある方だ。だから九〇―二〇七棟の何々番タンクなどというようなことを、めったやたらに覚えていった。

その夜、部屋に戻ると、僕は調べてきたことに全部目を通し、危険区域はどこか、その危険を取り除くにはどうすればよいかを確かめていった。取り除くといってもそんなにたいしたことではない。溶液にカドミウムを入れて、水中の中性子を吸収させる一方、材料の入った箱はある法則に従って、危険量以上が一カ所に集中しないように離しておけばそれでいいのだ。

翌日は大きな会議があることになっていた。言い忘れたが、実はロスアラモスを出るとき、オッペンハイマーに言われたことがあった。「オークリッジでは、ジュリアン・ウェッブはじめ誰彼といった面々が有能な技術屋だ。君はこの人達が必ず会議に出席するよう確認してもらいたい。また君が安全性のことについて話をするとき、この人たちがその内容をしっかり把握するよう念を入れてくれたまえ。」

「しかしもしこの連中が会議に出ていなかったら、僕はいったいどうすればいいんですか?」と僕が心配すると、オッペンハイマーは、

「その場合は「ロスアラモスとしては、誰々が会議に出席しない限りは、オークリッジの安全性に関しいっさい責任を負いかねる」と言ってくれ」と答えた。

「ええっ? 僕がそこまで言うんですか? この無名のリチャードがしゃしゃり出て、そんなことまで?」

「そうだ、無名のリチャード君よ。その通り言ってくれたまえ。」

僕もこのときはえらいスピードで出世したもんだ!

さて会議に出てみると、いるわいるわ、会社の大物をはじめとして、僕が会うべき技術屋の面々も首をそろえている。その他にも、この一大事に関心のある将官たちも

出席していた。誰もこの問題に関心を持っていなかったとしたら、この工場は吹っとんでいただろうから、これは大いに喜ぶべきことだったのだろう。

このとき終始僕の世話をしてくれたのは、ズムワルト中尉という軍人だった。その彼によると、ロスアラモスとオークリッジを切り離しておくため、みんなに中性子の働きなどの詳しい話はしてほしくない、ただ安全性を確保する方法だけ教えれば、それで充分だと大佐が言っているということだった。

そこで僕は「中性子の働きを理解せず、ただひたすら規則に従えといっても僕は無理だと思うね。僕の意見では、詳しく説明してこそはじめてこの仕事が安全に進められるんだ。全員がその全面的説明を受けるのでなければ、ロスアラモスとしてはオークリッジの安全性の責任はいっさい負いかねる」と言ってやった。

まさに胸のすく思いだった。中尉はさっそく僕を大佐のところへ連れていって僕の言ったことを伝えた。すると大佐は「ちょっと五分間待ってくれないか」と言うと、窓のところへ行って考え始めた。この連中にとって一つの決断を下すということなどは朝飯前なのだろう。それにしても、この爆弾の反応をオークリッジで働く人々に知らせるべきかどうかというような重大な決断を、たった五分で下さなくてはならず、またそれができるとは何とも驚くべきことだと思った。僕などこんな重大な問題なら、いくら時間があったってとても決断など下せたものではない。だからこの種の軍人には大いに敬意を表せざるを得ないのだ。

五分たつと大佐は「よろしい。ファインマン君、その通りやりたまえ」と言った。

僕は席について、中性子がどんな過程を経てどのような作用をするもので、結果はどうなるか……等々洗いざらいしゃべった。そしてここでは多量の中性子が一カ所に集中し過ぎているから、材料を離しておく必要があること、カドミウムは中性子を吸収すること、遅い中性子は速い中性子より効果が大きいことなど、ロスアラモスでは初級の知識だが、オークリッジでは初耳と思われることを、とうとうと述べたてた。きっと僕はとんでもない超天才に見えたに違いない。

この会議の結果オークリッジでは、小さなグループを作って、安全性確保のための計算と計画を自らやろうということになった。工場は再設計されることになり、工場設計者はもとより、建築関係者、技師、化学技師その他、分離した材料を扱う新しい工場に働く連中も皆せいぞろいした。

このとき僕は数カ月してまたくるよう招きを受けたので、エンジニアが工場の設計を完了したところで、オークリッジにでかけていった。今度は僕が工場の設計を見る番だったが、いったいまだ建ってもいない工場を、どうやって見ればいいのか？

どこへ行くにもエスコートが要ることになっていた僕には、いつもズムワルト中尉がついていた。彼は、工場全体の青写真を山と積みあげた長い長いテーブルにエンジニアが二人座っている部屋に連れていってくれた。

学生時代に製図なる講座はとったことがあるが、青写真を読むのは実は苦手だった。相手は僕が天才だと思っているから、この山のような青写真を次々と広げては、どんどん説明しはじめた。この種の工場で避けなければならないものの一つに蓄積ということがある。たとえば蒸発器が材料を蓄積している間に、バルブが詰まるとか、ひっかかって動かなくなるとかして、どんどんものがたまると爆発するおそれがある。技師たちの説明によれば、そのような事故を防ぐため、バルブの一つが詰まっても何事も起こらぬよう、この工場では全部にバルブが少なくとも二つずつつけてあるとのことだった。

エンジニアたちはそのバルブがどのように配置され、どう働くかを説明しはじめた。四塩化炭素がここから導入され、硝酸ウランがこっちから導入されて上がってきて、それからこのように下がっていく。そしてこの床を通ってここへ上がる。これからパイプを通じて二階からこっちへ行く……といった調子で二人はペラペラペラペラと、積み上げた青写真を広げては、下から上へ、上から下へ、およそ複雑怪奇な化学工場の説明を早口でまくしたてた。

僕はもう頭がぼうっとなってきた。それより何より困ったのは、この青写真に書きこまれたいろいろな記号が、何を表わすものかすらさっぱりわからないことだった。記号の中ではじめは窓かと思った奴があった。四角の中に×印で、これがそこいら中にやたらと書きこまれてある。窓かと思ったが、必ずしも端だけでないのだから窓ではなさそうだ。これはいったい何の印だと聞きたくてむずむずしてくる。

その場ですぐ聞きそびれたために、あとで聞きにくくなるという経験は誰しもあるものだ。すぐそのときにたずねれば何でもなかったのに、説明はえんえんと続くし、こっちもちょっと躊躇しすぎたから、今きけば「なあんだ。何で今までむだに説明させたんです」てなことになる。

さていったいどうしたもんだろう？　と、僕はいいことを思いついた。ひょっとするとこいつはバルブかもしれない。そこで青写真三ページの真ん中にある正体不明の⊠印に指をおいて、「もしこのバルブが詰まったら、どうなりますかね？」と聞いた。するると相手が「あっ、それはバルブじゃありません。窓です」と言うだろうと思ってのことだ。

ところが技師たちは顔を見合せ、一人が「ええと、そのバルブが詰まりますと、つまり……ええと……」と言って、青写真の上を上がったり下がったりして調べ始めた。もう一人の方もさんざん上がったり下がったり、行ったり来たりしたあげく、またもや二人で顔を見合せた。それからふり返って僕の方を向いたときは、二人ともまるでびっくりした魚みたいに口をパクパクさせていた。「まったくおっしゃる通りです。」

二人はいそいで青写真を丸めると、すごすごと出ていった。僕とズムワルト中尉も部屋から出た。僕にずっとついて回って一部始終を見てきた彼は、とうとう口を出した。「先生はまさに天才だ！　それはこの間工場を一回見て回っただけで、次の日九〇—二〇七棟の蒸発器C—二一番と言われたときすぐわかりましたよ。しかし今なさったことはまったく想像を絶するものがあります。いったいどうやってあんなことがわかったんです？」

「君もあの印がバルブかどうか確かめてみればすぐにわかるよ」と僕は答えた。

その頃僕の直面していた問題がもう一つあった。僕らは膨大な計算の仕事をかかえていたわけだが、これをやるのに「マーチャント式」計算機を使っていた。ロスアラモスの様子が想像できるように、ここでちょっと説明しておくと、計算はすべて、指で数字のボタンを押して掛け算、割り算、足し算などをやる手動式の計算機でやっていた。だがこの作業はむろん今の電卓を使うように簡単ではない。何しろ機械的な道具のことだから、しょっちゅう故障はするし、そのつど工場に修理に出さなくてはならない。そうこうしているうちに、どれも修理に出はらって、使える奴がなくなってしまう。とうとう僕たち数人の者がこの計算機の蓋をあけ、(使用説明書には「いったん蓋をとったらもう責任は負わない」と書いてあるのだから、ほんとうは蓋に指も触れてはいけなかったのだが……)自己流で修理しはじめた。こうしてちょっとの故障ならすぐ直せるようになり、むずかしい修理が増えるにつれ僕らの腕も上達していった。あまり複雑すぎて手に負えないものは工場に送ったが、やさしいものは自分たちで修理しては、計算機がいつでも使えるようにしておいたものだ。そしていつのまにかこの僕が計算機の修理係、所内の機械工房にいる男がタイプライターの修理係ということになってしまった。

とにかく僕らは原爆の内部爆発にあたり、実際にはどういうことが起こっているのか、またそれによってどれだけのエネルギーが放出されるか等の大問題の計算をするのに、今の設備ではとうてい無理だという結論に達していた。このときスタンレー・フランケルという頭の切れる男が、IBMの機械を使えばこの計算ができるかもしれないと考えだした。IBMといえば、タビュレーター(表作成器)とよばれる、和を記載する加算器や、カードを入れるとそのカードにある数二つをとって掛け算をする倍数器などという、ビジネス用の機械を作っている会社のことだ。その他にもコレーター(ページ揃え器)とか、ソーター(選別器)などというものもあった。

そこでフランケルはうまいプログラムを考え出した。一部屋にこういった機械をたくさん集め、カードを次から次へと機械にかけていって、サイクル式に計算ができると考えたのだ。いま数字の計算をしている人なら、誰でも僕が言っていることをすぐのみこめるはずだが、その頃は機械を使った計算のマスプロダクションなどという思いつきは、まだ新しかったのだ。今までの計算は加算器でやってはいたが、普通自分一人で同じ一つの機械を使って、一ステップずつやるというもので、フランケルの案とは全然違う。今度の方法では、計算問題はまず加算器に行き、次に倍数器、それからまた加算器に行くという風に、一段階ずつ別な機械にかけて計算を進めていくわけだ。これなら僕らが抱えている問題の解決にもってこいだと思ったフランケルは、さっそくこのシステムを設計して、必要な機械をＩＢＭに注文した。

さてこの機械を常時フル回転させておくには修理工が必要だ。陸軍は、良い修理工がいるからすぐ派遣しようと約束はしてくれるのだが、どういうわけかいつも遅れ遅れになる。一方僕たちの方ではいつも事を急いでいる。何をするにもできるだけ敏速にしあげようと僕らは絶えず努力していたのだ。この場合も例にもれず、この倍数器ではこの掛け算を、その次にはこれで引き算を……といった調子で、すっかり計算の段取りを決めてしまった。それから人員の配置などのプログラムも作ったのだが、いかんせん、これをテストしようにも当の機械がまだ来ない。しかたがないからその代用として一部屋を計算専用とし、女子事務員を数人雇った。そして一人ずつをマーチャント式計算機に配置し、この人は倍数係、この人は加算係、この人は三乗係、という風にわりあてた。つまり三乗係は、インデックスカードの数字をひたすら三乗するだけが仕事で、次から次へと三乗しては次の人に渡す、というシステムだ。

僕らはこのサイクルがスムーズにいくようになるまで、始めから終りまで何回もテストしてみた。その結果、一人の人間が次々と機械を変えて計算を進めていくより、この方がはるかに速いことがわかった。このシステムならマーチャントでもＩＢＭで予想されるのと同じスピードがだせる。ただ一つＩＢＭと違うところは、ＩＢＭの機械はくたびれないことと、三交代分の仕事ができることだ。これにひきかえ、マーチャント・システムの女子事務員たちは、しばらく計算を続けてやるとじきくたびれてしまうのだった。

とにかくこの計算過程を通し、欠点と思われるものは一つ一つ解決して手ぐすねひいていると、やっとＩＢＭの機械が届いた。ところが修理工はまだ来ない。この機械類は当時最も技術的に複雑なものではあり、図体も大きい。しかも完全には組み立てなく、電線だの組立法の青写真だのがやたらついている。しかたなく僕とフランケルともう一人の男の三人で組み立てることになったが、これがなかなか難しい。それより一番弱ったのは、大物連中が顔を出しては、「おい、そんなことやっていて、ぶっこわすんじゃないか」と、うるさいことだった。

とりあえず組み立ててはみたが、うまく動くものもあれば、組立て方がまちがっていて動かないのもある。そのとき僕は倍数器の一つに曲がった部品のあるのに気がついていたが、うっかりいじってパチンと折ってしまったら、それこそ大変だ。それでなくても野次馬どもは暇さえあれば、僕らが何かこわしてとり返しがつかなくなるぜと言っているのだから、いくら僕でもさすがに手が出せなかった。そのうちやっと修理工が派遣されてきて、まだ組立てのすんでいない機械のほうは全部完成して動くようにしてくれた。ただ例の部品の曲がった倍数器だけはうまく直せず、三日たってもまだゴトゴトやっている。

そこで僕はその部屋に下りていって、「ああそうだ。その部品が曲がっているのに気がついたんだが……」と言った。すると彼は「ははあ、なるほど。それだけのことだったか」と言って、手でこの部品をぐっと逆に曲げ直した。本当にそれだけのことでよかったのだ。

さてこのシステムの生みの親たるフランケル氏は、コンピュータをいじったものなら誰でも知っている、いわゆるコンピュータ病にかかってしまった。この病気はなかなかの難病で、仕事に非常にさしさわりがでてくる。コンピュータで困ることは、これを使ってついつい遊んでしまうことである。コンピュータとは実にすばらしいおもちゃなのだ。スイッチがたくさん並んでいて、偶数ならこのような操作を、奇数ではこう、とちゃんと決まっていて、しばらくやっていると、頭さえあれば一つの機械でどんどん複雑なことができるようになる。

そういうわけでしばらくすると、肝心の計算作業のほうは全然だめになってしまった。フランケルの監督がおろそかになり、ほとんど放ったらかしの状態だったので、せっかくのシステムはまるでカタツムリの歩みになってしまったのだ。それなのに当のフランケルは自分の部屋にひきこもって、一つのタビュレーターが自動的にアークタンジェントx(逆正接、arctan x)をプリントできるようにする方法を、しきりと考えているしまつだ。ただ一つの操作をするだけで、機械が動き出してまず欄をプリントし、次にジジ、ジジと積分しながら自動的に逆正接を計算し、表を作っていくというプログラムである。

ところがこんなものは無用の長物なのだ。そんなものをわざわざ作らなくても、僕らは逆正接の表なら、ちゃんと持っているのだ。だがコンピュータをいじった者なら誰にでもわかるように、この機械の極限をためすこの喜びは何ものにもかえがたいものがある。コンピュータ発明者の、このあわれなフランケルこそ、コンピュータ病患者第一号だったのだ。

僕は自分のグループの仕事を中止して、ＩＢＭグループをひきついでくれと言われたので、何とかこの病気にかからないよう心してかかった。このグループはそれまで九カ月にたった三つしか問題は解かなかったが、優秀な連中だった。ただここに一つ根本的な問題があった。それはこのグループのメンバーが、何も知らされていなかったことだ。この連中は陸軍が全国の高校から、工学関係の能力のある頭の良い若者たちをよりぬいて組織した、特別工学分遣隊というものだった。ところがこうして彼らをロスアラモスに送りこみ、バラック式営舎におしこんで働かせようというのに、陸軍はその仕事の目的については何ひとつきかせていなかったのだ。

ロスアラモスで仕事につかされたこの若者たちが、まずさせられたことといえば、ＩＢＭの機械にチンプンカンプンの数字を打ちこむことだった。しかもその数字が何を表わしているのかを教える者は誰一人いなかったのだ。当然のことながら仕事は一向にはかどらない。そこで僕はまずこの若者たちにその仕事の意味を説明してやるべきだと主張した。その結果、オッペンハイマーがじきじきに保安係に談判に行き、やっとのことで許可がおりた。そこで僕が、このグループのとりくんでいる仕事の内容や目的について、ちょっとした講義をすることになった。さて話を聞き終わった若者たちは、すっかり興奮してしまった。「僕らの仕事の目的がわかったぞ。僕らは戦争に参加しているんだ！」というわけで、今までキーでたたいていたただの数字が、とたんに意味をもちはじめたのだ。圧力がかかればかかったで、それだけ余計なエネルギーが発揮される……という調子で仕事はどんどん進みはじめた。彼らはついに自分たちのやっている仕事の意味を把握したのだ。

結果は見ちがえるばかりの変わりようだった！　彼らは自発的に能率をもっと向上させる方法まで発明しはじめた。仕事の段取りは改善する、夜まで働く、しかも夜業の監督も何も要らない、という調子である。今や完全に仕事の意味をのみこんだこの若者たちは、僕らが使えるようなプログラムまでいくつか発明してくれた。

僕の助手たちはこうしてめざましい働きをしたわけだが、この成果を生むにはただ単にその仕事の意味を教えてやるだけでよかったのだ。そして今まで三つの問題を解くのに九カ月かかっていたのが、今度は三カ月の間に九つの問題を解いてしまった。ほとんど一〇倍に近い能率だ。

これだけではなく、他にもこのような成果をもたらした秘訣があった。計算のプログラムでは、計算問題がカードにうちこまれていて、これをまず足し算、そして掛算という具合に、一通りこの部屋に並ぶ機械に次々とかけていくわけだが、この一サイクルにかなりの時間がかかる。そこで僕たちはカードを色分けし、順をずらして一度に二つも三つもの問題を、同時に並行して計算することにしたのだ。

ところがこれがまた別の頭痛の種になった。例えば戦争も終りに近づき、アルバカーキでのテストを目前に控えた頃、この爆弾によっていったいどれだけのエネルギーが放出されるかというのが大きな疑問だった。僕らはすでにいろいろな設計につき、そのエネルギー放出量を計算してはいたが、最終的に使うことになった設計についてはまだ計算ができていなかったのだ。ボブ・クリスティがやってきて「一カ月でこいつがどんな結果になるか計算してほしい」と言う。この一カ月という期間ははっきりしないが、何しろ三週間とか一カ月とかいう非常に短い期間だったと記憶している。

「そんな、とても無理だよ！」と僕が言うと、彼は重ねて、「だが現に君は一カ月に二問題も解いてるじゃないか。とすれば一問題につき二週間か三週間の割だ。」

「それはそうだが、ほんとうは一問題にもっと時間を食うんだ。ただ僕たちは今、いくつか問題を並行して進めているから一度に何問かができるだけのことさ。一問題にかかる時間はやっぱり長いんだ。これが機械を通っていく速度をこれ以上あげることは、絶対できないよ。」

クリスティが出ていったあと、僕は考えはじめた。もっと計算の回転を速くする方法が本当にないものか？　他の問題に邪魔されることがないよう、この問題一つだけにしぼってみてはどうだろう？　僕はこれを「挑戦」として黒板に「これができるか？」と書いた。するとグループ全員「できるとも！　二交代分やって超過勤務すればいいんだ」などと叫びだした。「そうだ。とにかくやってみよう。」そこで他の問題は全部どけろ、この問題一つに集中する、ということに一決し、皆猛然と働きだした。

一方妻のアーリーンの病状は刻々悪化していた。いつ何時容態が急変するかわからない状態だったので、アルバカーキに急行できるよう寮の友だちの車を借りる手筈は、前もってととのえておいた。クラウス・フュークスというこの車の持主は、実はスパイだったのだ。彼はロスアラモスの原爆の秘密を盗みだしてサンタフェに運ぶのにこの車を使っていたのだった。しかしそのときはこれを知る者は一人もいなかった。

ついに容態急変の知らせが来たので、僕はフュークスの車を借りうけ、故障したときの用心にヒッチハイカーを二人乗せて出発した。予感通り、サンタフェに着くか着かないかのうちに、タイヤがパンクしてしまった。この二人のヒッチハイカーに手伝ってもらってタイヤを替え、やっとサンタフェを出たと思ったら、また別のタイヤがパンクした。しかたなく三人で車を押して、やっと近くのガソリンスタンドに着いた。

このスタンドでは、他の車の修理にかかっていて、僕の車の番が来るまでどれだけ時間がかかるか見当がつかない。僕は何も言うつもりはなかったのに、ヒッチハイカーの連中はスタンドの男に仔細を話してしまった。おかげで僕らは間もなく新しいタイヤをつけてもらって(戦争中タイヤは手に入りにくくなっていたから、予備タイヤはなしだった)出発した。

ところがアルバカーキへあと三〇マイルというとき、また三つ目のタイヤがパンクしてしまった。しかたなく僕たちは車をそこに残し、ガソリンスタンドにあとで取りに行ってもらうよう電話しておいて、ヒッチハイクでアルバカーキまで行くことにした。

こうしてやっと病院にたどりついたあと二、三時間してアーリーンは息をひきとった。死亡証明書を書きに入ってきた看護婦が出ていって一人になると、僕はそれからしばらく彼女のそばで時間を過すことにした。七年前、彼女が結核にかかった頃プレゼントした時計が枕元にあるのを、僕は何気なく眺めた。その頃としては珍しく数字が機械的に回って出るようになったデジタル式のわりに良い物だった。ただごくデリケートで、何かあるとすぐ止まるので、今までにも何回か修理をしている。それでももう七年の間、ちゃんと使えるようにしてあったものだ。ふと見ると、この時計が九時二二分かっきりに止まっていた。死亡証明書に記された時刻だった！

僕はＭＩＴのフラタニティにいたときの経験を思い出した。あるときだしぬけにどうしても祖母が亡くなったという感じがしはじめたのだ。そしてそう思った瞬間、電話がかかってきたではないか。ところがこの電話はピート・バーネーズにかかってきたもので、結局僕の祖母は死んではいなかった。誰かがこれとは逆の話をしたとき反論できるよう、このときのことはよく覚えておいたのである。人はこういうことが超自然的な力で直感できるなどとよく言うものだが、僕はただの偶然に過ぎないと思う。祖母はもうかなりの年だったから、偶然の一致だって充分あり得たわけだ。

アーリーンは僕のプレゼントしたこの時計を、いつもベッドのかたわらにおいていた。そして彼女の死と同時にこれが止まったのだ。特にこういう状況の下で、しかもこういうことが起こり得るとなかば信じている人なら、事実を解明しようとはせずに、頭から「誰もこの時計にさわった者もないのだから普通の現象ではない。何か超自然の力が働いているのだ」と信じはじめる気持ちも僕にはよくわかる。時計が確かに止まったということは、この種の不思議な現象の劇的な実例になり得るのかもしれない。

僕は部屋の明かりが暗いのにふと気がついた。そしてそのとたんにさっき看護婦が時間を確かめるため、時計をとりあげて電灯の方に向けたのを思い出した。それだけでもこの時計なら簡単に止まり得るではないか。

僕は散歩に出た。自分で自分を偽っていたのかもしれないが、こういうとき人が感じるべきだと当然思われている感情が、ちっとも湧いてこないので、いささか不思議な気がした。僕は決して喜んではいなかったが、七年もの間、いつの日かこういうことが起こるのを覚悟していたせいか、ひどく動揺してもいなかった。ただロスアラモスの連中と顔を合わせたとき、どのように話したものか、僕には見当もつかなかった。悲しい顔でお悔みなど言ってもらいたくない。ロスアラモスに戻り(途中でまたもやタイヤがパンクしたが)、みんなにどうなったかと聞かれたとき、僕はただ「妻は死んだよ。で、プログラムの方はどうなってる?」とたずねた。

これで僕が妻の死にかかずらわってメソメソしていたくないことを、みんなすぐに悟ってくれたのだった。

(僕は明らかに心理的に自分の感情をコントロールしていたのに違いない。アーリーンの体に生理的にどういうことが起きたのか、という事実の方が僕の頭を占領していたので、そのときは涙も出てこなかった。ほんとうに涙がこぼれたのは、何カ月も経ってからのことだ。オークリッジのデパートの前を通って、ふとショーウィンドウの中のドレスを見つけ、ああアーリーンの好きそうな服だなと思った瞬間だった、悲しみの波が一挙に押しよせてきたのは。)

例の計算プログラムの部屋に戻ってきてみると、どういうわけかめちゃくちゃになっていた。白いカード、青いカード、黄色いカードが氾濫している。「他の問題はさておいて、一つの問題に集中することになってたじゃないか!」と言いかけると、みんなが「ちょっとそっちに行っていてください。とにかくちょっと待ってくださいよ。あとで説明しますから」と叫びはじめた。

しかたなく僕は黙って待つことにした。彼らがあとで説明したところによると、そのわけはこうだった。カードが機械を通ってゆく間に、ときにまちがいが起こって、誤った数字を打ち込んでしまったりすることがある。そういう場合、僕たちは今まではじめからやり直しをしていたのだが、僕がいない間に彼らは、一サイクル内で起こったまちがいが、すぐ近くの数字にしか影響していないのに気がついたのだった。たとえばカードが五〇枚あって、三九番目のカードにまちがいが起こった場合、これに影響されるのは三七、三八と三九番目のカードだけだ。ところが、これを直さず放っておくと次の段階では三六、三七、三八、三九、四〇番目のカードに影響が拡がり、次の段階では伝染病のように広範囲に拡がりはじめる。

だからちょっと前にまちがいのあるのをみつけたとき、彼らはいいことを思いついた。そのまちがいの周辺の一〇枚のカードだけ計算し直すのだ。カード一〇枚なら五〇枚全部をやり直すより速い。そこではじめの五〇枚の方も、「病気」は拡がるがとにかくそのまま続けておいて、修正した方と並行して進める。一〇枚の方はどんどん進むから両方が終わったところで、この二つをまとめて修正する、というなかなかうまいアイデアだ。

連中はこの方法でスピードをあげていったのだが、これ以外に問題を今までより速く解く方法は考えられなかった。計算を途中でやめて修正していては時間が無駄になるから、期限までにとても答は出せない。というわけで彼らはこのやり方でがんばっている最中だったのだ。

もちろんこれをやっているうちに何が起こるかはすぐわかるだろう。彼らは青いカードのセットにまちがいをみつけた。そこでまちがいの周辺のカードだけを修正して黄色のカードにし、青いカードと並行して計算を続けた。黄色のカードは青のより数が少ないわけだから、ずっと速く回転する。これがうまくいきはじめたら、今度は白いカードを修正しなくてはならず、てんてこまいをしているところに、ボスの僕が現われたというわけだった。「ちょっと何も言わずに放っておいてください」と言うので、僕がしばらく口を出さずにいたら、なるほどちゃんと結果が出てきた。そしてついにクリスティの決めた時間内に、この問題を解くことができたのだった。

僕もはじめはほんの下っ端だったが、後でグループのリーダーになり、しかも実に偉い人たちに何人か会うことができた。あれだけのすばらしい物理学者に会うことができたのは、僕の生涯を通じて最も豊かな経験だったと思う。

その中にはあのエンリコ・フェルミもいた。ロスアラモスで困難があれば、その相談にのって助力するという役目をおびて、フェルミはシカゴからやってきた。その彼をまじえて会議が開かれた。僕はずっと計算の仕事をしていて、かなりの結果も出していたのだが、この計算は非常に複雑でわかりにくいものだった。普通なら答がだいたいどのようなものかを予言したり、出た答についてなぜそうなったのかを説明するのは僕の得意とするところなのだ。ところがこのときの計算だけは複雑すぎて、さすがの僕もどうして答がそうなるのか説明できなかった。

とりあえず僕はフェルミに今やっている問題を話し、その結果を説明しはじめると、フェルミは「ちょっと待った。君が結論を言う前にちょっと考えさせてくれたまえ。多分こういう風な答が出るだろうと思うね(その通りだった)。そのわけはこうこうだ。そしてこれにはわかりきった説明もつくよ。」

　これにはおどろいた。フェルミは僕のお株をすっかり奪ってしまったのだ。奪ったどころか数倍もうわてである。これは僕にとって非常に良い薬になった。

　また大数学者ジョン・フォン・ノイマンもいた。僕たちは日曜になると散歩に出かけては、峡谷深く分け入ったりしたものだったが、これにはよくベーテや、ボブ・バッカーもついてきて、ほんとうに楽しかった。このとき、我々が今生きている世の中に責任を持つ必要はない、という面白い考え方を僕の頭に吹きこんだのがフォン・ノイマンである。このフォン・ノイマンの忠告のおかげで、僕は「社会的無責任感」を強く感じるようになったのだ。それ以来というもの、僕はとても幸福な男になってしまった。僕のこの「積極的無責任さ」の種はフォン・ノイマンが播いたのである。

　ここで僕はニールス・ボーアにも会った。その頃ニコラス・ベイカーという名で知られていた彼は、息子のジム・ベイカー(ジムの名もほんとうはオーガ・ボーアというものだ)と二人で、ロスアラモスにやってきた。知っての通り、彼らはデンマークから来た有名な物理学者たちだ。いわゆる物理の大御所にとってすら、ボーアといえば神様のようなものだったのだ。ボーアが来て最初の会議では、誰もがかの有名なボーアを一目見たいと思っていたから、出席者はいつになく多かった。中心議題は原爆の問題だった。僕は後ろの隅に座っていたので、ボーアが入ってきたときと、出ていったとき、人の頭の間からその姿がちらりと見えただけだった。

次にまたボーアが来ることになった日の朝、僕に電話がかかってきた。

「もしもし、ファインマンかね?」

「はあ。」

「こちらはジム・ベイカーだが、おやじと僕とで君と話がしたいんだが……」相手はボーアの息子だ。

「え? 僕にですか? 僕はファインマンといいまして、ただの……」

「その通り。八時ならいいかね?」

というわけで僕はみんなが起き出す前の朝八時に、約束の場所に出かけていった。技術関係の事務所に入ると、ボーアが口を切った。

「僕らはずっと原爆の効率をもっと上げる方法を考えてきたんだが、次のような考えがある……かくかくしかじかだ。」

「だめだ、だめだ。そんなものはうまくいくはずがない。ぜんぜん効率が悪いですよ」とばかり僕がまくしたてると、彼が「これこれではどうかね？」と言う。「その方がまだましですね。しかしそれにはこのおよそ下らんアイデアが入っていますよ。」

といった調子で二時間ぐらい、いろいろな考えをぶっつけ合い、口角泡をとばして議論を闘わした。あの大ニールスは、一所懸命パイプに火をつけるのだが、そのたびに消えてしまう。しかもむにゃむにゃ言う彼の話し方ときた日には、わかりにくいことおびただしい。息子の方はおやじよりはまだましだった。

最後に「さてと」とニールスがパイプにまた火をつけながら言った。「これでお偉方を呼びいれるとするか。」こうして彼らは他の連中を呼びいれて、全員での話合いとなったのだった。

ことの次第はあとでニールスの息子から聞いた。前にロスアラモスに来たとき、ニールスは息子に向かって、「後ろの方に座っているあの若者の名前を覚えてるかな？僕をおそれず僕の考えが無茶なら無茶だと平気で言えるのは、あいつだけだ。この次にまた、いろいろな考えを論じるときには、何を言っても「はいはいボーア博士、ごもっともです」としか言わない連中と話したって無駄だ。まずあの男をつかまえて先に話をしてからにしよう。」

僕はいつもそういった意味では間抜けだったのだ。話す相手が誰であるかなど、ついぞ気にしたことがない。僕の関心があるのは、いつも物理学そのものだけだ。だから誰かの考えがお粗末だと思えばお粗末だと言うし、よさそうならよさそうだと言うだけの話で、いとも簡単だ。

僕はいつもこういう生き方をしてきた。誰でもそれができれば、たいへん楽しい生涯が送れるはずだ。こういった生き方のできる僕は、実に幸せな男と言わねばなるまい。

さて原爆エネルギーの計算がすむと、次の段階はむろん爆発実験だ。妻の死後、短い休暇をとって家に帰っていた僕のところに「〇月〇日赤ん坊出産の予定」という知らせが来た。

僕は急遽ロスアラモスにとんだ。僕が着くのと、実験地点行きのバスが出るのとが、ほとんど同時だったので、僕はそのまま実験地点へ直行することになった。爆発地点から二〇マイル離れたところで僕たちは待機した。無線装置を通して、何時何分の爆発実験の始まりから逐次その経過を伝えてくるはずだったのに、肝心の無線が故障ときて、何事が起こっているのかさっぱりわからない。ところが爆発のほんの数分前にこの無線が急に聞こえはじめ、僕たちのように遠くの地点にいる者には、あと二〇秒くらいだと伝えてきた。もっと近く、六マイルの地点にいた者もあった。

全員に黒眼鏡が配られていた。黒眼鏡とは驚いた！　二〇マイルも離れていては黒眼鏡ごしでは何も見えるわけがない。僕は実際に目を害するのは紫外線だけだろうと考え（いくらまぶしいからといって明るい光が眼を害することはない）、トラックの窓ガラスの後ろから見ることにした。ガラスは紫外線を通さないから安全だし、問題のそいつ、そいつが爆発するのがこの目で見えようというもんだ。

ついにそのときが来た。ものすごい閃光がひらめき、その眩しさに僕は思わず身を伏せてしまった。トラックの床に紫色のまだらが見えた。「これは爆発そのものの像じゃない。残像だ！」そう言って頭をあげると、白い光が黄色に変わってゆき、ついにはオレンジ色になった。雲がもくもく湧いてはまた消えてゆく。衝撃波の圧縮と膨張によるものだ。

そしてその真ん中から眩しい光をだす大きなオレンジ色の球がだんだん上昇を始め、少し拡がりながら周囲が黒くなってきた。そしてそのうち、消えてゆく火が中でひらめいている、巨大な黒い煙の固まりに変わっていった。

だがこのすべては、ほんの一分ほどのできごとだったのだ。すさまじい閃光から暗黒へとつながる一連のできごとだった。そして僕はこの目でそれを見たのだ！　この第一回トリニティ実験を肉眼で見たのはおそらく僕一人だろう。他の連中は皆黒眼鏡をかけてはいたし、六マイルの地点にいた者は床に伏せろと言われたから、結局何も見てはいなかった。おそらく人間の眼でじかにこの爆発実験を見た者は僕のほか誰一人いなかったと思う。

そして一分半もたった頃か、突然ドカーンという大音響が聞こえた。それから雷みたいなゴロゴロという地ひびきがしてきた。そしてこの音を聞いたとき、僕ははじめて納得がいったのだった。それまではみんな声をのんで見ていたが、この音で一同ほうっと息をついた。ことにこの遠くからの音の確実さが、爆弾の成功を意味しただけに、僕の感じた解放感は大きかった。

「あれはいったい何です？」と僕の横に立っている男が言った。

「あれが原子爆弾だよ」と僕は言った。これがウィリアム・ローレンスという男で、この実験の実況を記事にするために来ていたのだ。僕が彼を案内する係だったのだが、彼が理解するには、すべてがあまりに専門的すぎるということがわかったので、あとになってH・D・スミスという人が代りにやってきたのを案内することになったのだった。僕は彼をある部屋に連れていき、幅の狭い台の端にのった銀メッキの球体を見せた。手をのせてみると暖かい。放射能の暖かみだ。この球こそプルトニウムだった。ドアのところで僕らはこれを話題にしゃべっていた。これこそ人間の手で造られた新しい元素、おそらく地球の誕生直後のほんの短期間を除いては、今まで地球に存在したことのない元素なのだ。それがここにこうして隔離され、放射能を放ちながらその特性をちゃんと持って存在しているのだ。しかも僕たちがこの手でこれを造りだしたのである。だからこそ測り知れない価値があるのだ。

人が話に夢中になると、よく無意識に物をもてあそんだりするものだが、彼はこの話の間、何気なくドアストップを足でけっていた。そこで僕は「そう、このドアストップは、プルトニウムの部屋に実にふさわしいな」と言った。黄色い金属でできた直径一〇インチの半円球のそのドアストップは、ほんものの金塊だったのだ。

これにはわけがある。僕たちは材料と中性子倹約のため、いろいろな種類の材料によって中性子がどれくらい反射されるものかを、実験する必要があった。これにはプラチナ、亜鉛、真鍮、金とさまざまな材料を使ってテストを行なった。このテストがすんだとき、一人の男がプルトニウムの部屋のドアストップに、テスト材料のこの大きな金の塊を使ってはどうかという、おつなアイデアを考えついたのだった。

とにかく原爆実験のあと、ロスアラモスは沸きかえっていた。みんなパーティ、パーティで、あっちこっち駆けずりまわった。僕などはジープの端に座ってドラムをたたくという騒ぎだったが、ただ一人ボブ・ウィルソンだけが座ってふさぎこんでいたのを覚えている。

「何をふさいでいるんだい?」と僕がきくと、ボブは、

「僕らはとんでもないものを造っちまったんだ」と言った。

「だが君が始めたことだぜ。僕たちを引っぱりこんだのも君じゃないか。」

そのとき、僕をはじめみんなの心は、自分達が良い目的をもってこの仕事を始め、力を合わせて無我夢中で働いてきた、そしてそれがついに完成したのだ、という喜びでいっぱいだった。そしてその瞬間、考えることを忘れていたのだ。つまり考えるという機能がまったく停止してしまったのだ。ただ一人、ボブ・ウィルソンだけがこの瞬間にも、まだ考えることをやめなかったのである。

それから間もなく僕は文明の世界に帰って、コーネル大学で教鞭をとったが、その第一印象たるやすこぶる奇妙だった。今はもうどうしてだか思い出せないが、そのときはとにかく非常に強烈な印象だった。例えばニューヨークのレストランに腰を下した僕は、窓の外のビルを眺め、そして考えはじめるのだ。広島に落ちた爆弾の被害範囲は、直径何マイルだったか……、ここから三四番街まで、どれだけの距離があるの

か？　これだけの建物が皆吹っとんだんだ……というようなことを。また歩いていて、工夫が橋を造っているところや、道路工事の現場を通りかかると、何て馬鹿な奴らだろう、何もわかっちゃいないんだ、と思いはじめるのだ。ばかばかしい、何であんな新しいものなんか造っているんだろう？　どうせ無駄になるものを……。

だが、ありがたいことに無駄になると思ってから、もう四〇年近くたつ。だから橋などを造るのが無駄だと思った僕は、まちがっていた。そしてあのように他の人たちが、どんどん前向きに建設していく分別があってよかったと、僕は喜んでいる。

二人の金庫破り

僕に錠破りの術を教えてくれたのは、レオ・ラバテリという男だ。実のところ、ありふれたエール錠のようなタンブラー(翻転式)錠を開けるのは、ごく簡単なのだ。まず鍵穴にねじまわしを差しこんで(穴がよく開くようにねじまわしを横から押す必要がある)回してみる。錠前の中には、ちょうど決まった高さまで(鍵によって)押し上げられないと外れない「ピン」がいくつかあるから、ねじまわしは回らないはずだ。ところが錠というものはそう完璧にできてはいないもので、主にどれか一つのピンで止まっていることが多い。そこで先にちょっとコブのあるペーパークリップのような針金の道具をさしこんで、錠の中をカチャカチャ上下に動かしてみると、いずれはその主な支え手のピンを正しい高さまで持ちあげることができる。そうすると錠はちょっと開きかかり、そのピンはほんのちょっぴり端にひっかかって上がったままになる。今度はまた別のピン一本が主な支え手となっているわけだから、さっきのカチャカチヤを順々に繰り返していけば、ついにどのピンもみな上に押しあげられて止まるという寸法だ。

ところがせっかくここまできても、ねじまわしがすべることがよくある。すると中でピンがもとに戻るカチカチという音が聞こえて、悔しいことこの上ない。錠の中には鍵を抜いたとき自動的にピンを押し下げるバネがあって、ねじまわしを抜くと同時にこれがカチンと戻る音が聞こえる。(ときにはねじまわしの差しこみ方が正しいかどうか、うまく開くみこみがありそうかどうかを確かめるため、わざわざねじまわしを抜いて見ることもある。)この過程はまさにシジフォスの神話さながらで、一つ一つピンを押しあげていって、もう一押しというところでしくじると、今までの苦労も一瞬のうちに水の泡だ。

簡単な操作とはいえ、修練が相当に物を言う。持ち上がったピンを押さえてはいても、初めからピンが上がってくれないような強さで押してはいけない。ちょうどころあいの力が必要だ。このコツなどは練習で覚えていくものだ。たいていの人は家中を錠だらけにして得意になっているくせに、肝心のこの錠前が鍵なしでわけもなく開くものだということは、どうしてもピンとこないものとみえる。

ロスアラモスで僕たちが原子爆弾の仕事を始めたときは、急場のこととてまだ何も用意ができていなかった。だから原爆の機密の書類は、全部ただのファイルキャビネットに詰め込まれていたのだ。しかもこれに錠はかかっていたものの、中にたった三本のピンしかないような簡単至極な南京錠が下りているだけだから、何の苦もなくあっさり開いてしまう。とうとう保安改善のためロスアラモスの工作部で、キャビネット用に長い棒を作り、これをキャビネットの把手に通したうえ、南京錠でとめることになった。

「おい、工作部の連中が作ったこの新しいしかけを見ろよ」と誰かが僕に言った。「これでもまだ開けられるかい？」

キャビネットの後ろから見ると、引出しには一枚板のちゃんとした底がない。底板には細長い穴が開いていて金属の棒に(引出しの中の書類を支えるための)移動自由の支えが通してあるだけだ。僕が後ろから手を入れてこの支えをちょいとよけたら、穴からいくらでも書類が引っぱり出せる。「見ろ、錠破りなんかする必要もないよ」と僕は言った。

ロスアラモスでは協力の精神が徹底していて、みんな何か改善すべきことでもあれば、必ずそれを指摘することを本分としていた。だから僕はこのキャビネットの安全性については苦情を言い続けた。なまじっか鉄の棒など通してあるから安全堅固だとみんな思いこんで安心しているが、あんな棒など無いも同然だとことあるごとに指摘したのだ。

さらに錠前が何の役にも立たないことを証明してみせるため、誰か不在中の者のレポートが要ることになるたび、さっさとそのオフィスに行って錠のおりているはずのファイルキャビネットを開け、そのレポートをとってくる。そして用が済むと、「君、報告書どうもありがとう」と本人に返す。

「おいおい君、いったいどこからこのレポートを出したんだい?」

「君のファイルからだよ。」

「だが僕はちゃんと錠を下ろしておいたはずだぜ!」

「それはわかってるよ。ただ錠が役に立たないだけのことさ。」

そのうちとうとう組合せ錠のついた、モスラー金庫会社製のファイルキャビネットが届いた。引出しが三つついており、一番上の奴を引き出すと下の二つも自動的に掛金が外れるようになっている。そしてその一番上の引出しを開けるには、数字のダイヤルをまず左に回し、次に右、そしてまた左と回しながらコンビネーション(組合せ)の数字に合わせ、最後に右の10に合わせると中のボルトが引っ込むしかけになっている。また下の引出しから順々に閉めて、一番上の引出しの組合せ錠のダイヤルを10以外のところに回せば、ボルトが上がってキャビネット全体に錠がかかるというわけだ。

この新しい金庫式キャビネットがすぐ僕の興味をそそったのはもちろんのことだ。そもそも僕はパズル狂ときている。しかもこの錠という奴は一人の人間が他人をしめだすための細工なのだ。これを征服する方法が必ずあるはずだ。

まずこの錠の構造からのみこむ必要があったので、僕は自分のファイルキャビネットの錠を分解してみることにした。その結果次のようなことがわかった。一本の軸に円板三枚が重ねて通してあり、この円板の縁にはそれぞれ異なった場所に刻みがつけてある。この刻みが揃ってダイヤルが10のところに回ってくると、ちょっとした摺動《しゅうどう》で、ボルトが三枚の円板の揃った刻みの穴を通って下におりるというしかけだ。

さてこの三枚の円板を回すには、まずダイヤルの背後からつき出ているピンと、同じ半径で第一の円板からつき出しているピンがあり、ダイヤルが一回まわると第一の円板がこれに引っかかって持ちあがる。この第一の円板の後ろにもピンがつき出していて、これと同じ半径で二番目の円板の表面にも一本のピンが出ているから、ダイヤルを二度回す頃には円板第二号も引っかかって持ちあがってくる。さらに回していると、第二の円板の背後のピンが第三の円板の前面からつき出ているピンをとらえる。

そしてここでコンビネーション(組合せ数字)の最初の数字に合わせると、まず第三の円板が正しい位置に止まるわけだ。

次にダイヤルをぐるりと逆に一回転させると、今度は第二の円板が引っかかる。ここで第二のコンビネーション番号に合わせると、これが正しい位置に止まる。

今度はまたこれと逆の方向にダイヤルを回し、第一の円板を正しい位置に合わせると刻みが三つちゃんと揃う。揃ったところで10に合わせれば、ボルトが引っ込んでキャビネットが開くということになる。

さて僕は錠のコンビネーションを知らなくても開けられる方法をみつけようと思って、いろいろ苦心してみたがなかなかうまくいかない。ついに金庫破りの本など二、三冊買いこんではみたが、どれもこれも同じようなことばかり書いてあって役に立ちそうにない。だいたいはじめの方には、金庫破りの偉業の話などがデカデカと書いてある。たとえばある婦人が肉の冷凍庫に閉じ込められて、あわや凍死寸前というときに、天井から逆さに吊り下がった金庫破りの名人が二分間で錠を開けた話とか、海の底に沈んだ櫃《ひつ》の錠をみごとに開けて、無事に中の金塊だか高価な毛皮だかを取り出す話とかである。

本の第二部には錠破りの方法が説明してあるのが普通だが、これがおよそ毒にも薬にもならん下らぬことばかりだ。「普通の人というものは、日付などをコンビネーションに使うことが多いから、まず日付の数字を試してみるのは賢明だ」とか「その金庫の持主の心理を考え、何をコンビネーションに使いそうか想像して見よ」とか「秘書というものはコンビネーションを忘れやしないかと、いつも心配しているものだから、次のような場所にそれを書きつけていることもある。デスクの引出しの縁、住所録や名簿のたぐい等々……。」

けなしはしたが、こういった本は普通の金庫についてはなかなかわかり易く、理屈の通ったことを教えてくれた。通常、金庫には余分の把手がついているものが多く、これを押しながらダイヤルを回すとよい。なぜなら(南京錠と同じで)完全に均等にはできていないから、把手を押すことによって刻み(揃っていなくとも)にボルトを下げようとする力は、一つの円板にかかることが多い。だからこの円板の刻みがボルトのところに来ると、聴診器でしか聞こえないくらいかすかなカチリという音がするか、わずかに摩擦が減るのが感じられる(別に指をやすりでこすって敏感にしておく必要はない)。そこで「さてはこれがコンビネーションの一つだ!」とわかるわけだ。

その数字が第一のものか、第二か第三の番号かはわからないが、この同じカチリという音が聞こえるまでに何回逆に回せばいいかを試してみれば、何番目の番号かだいたいわかるものだ。回転数一回以下なら第一の円板、二回足らずなら第二の円板とわかる。（むろんピンの太さ分の補正をする必要はある。）ただしこの便利な方法は、残念ながら余分の把手のついた普通の金庫にしか通用しない。僕はいよいよ行きづまってしまった。

僕は上の引出しを開けずに下の引出しの掛金を外してみようと思い、前面のねじをぬいて針金の洋服かけの先をつっこんでガチャガチャやってみるなど、さまざまな手を使ってみた。

またダイヤルをかなりの速度でぐるぐる回して摩擦力を加え、それから10のところへ持っていけば円板が何とか正しい位置に止まってくれないものかと思って、これも試してみるなど、とにかくあらゆることをやってみた。こうなったらもう必死だ。

その他組織的な研究もしてみた。例えば典型的なコンビネーションは69―32―21である。金庫を開けるとき、番号が多少ずれたとしても、いったいどの程度の狂いなら許されるのだろう？　69というのを68に合わせても開くだろうか？　67ではどうか？僕らのキャビネットの錠の場合は、どっちの数字でもよかったが、66ではだめだった。こうして右も左も二つずつずれていいのだから、数字が五つあれば、そのうち一つをやってみればいいことになる。つまり0、5、10、15という具合にやればいいのだ。100までの数字が刻まれている錠なら、二〇種類の数字を試せばよい。これが三枚の円板であれば、いちいち試していれば一〇〇万の可能性のところを八〇〇〇についてやればいいわけだ。

さてここで問題になるのは、この八〇〇〇の可能性を試すのにどれだけ時間がかかるかということだ。仮にコンビネーションの最初の二つの数字をうまく当てたとしよう。その数字は正しくは69—32だが、僕はそれを知らずに70—30としているものとする。それでもこの二つがほぼ当ってさえいれば、ただ最後の番号の可能性を二〇通り試してみればいいことになる。もし最初の番号しかわかっていなかったとすると、まず三番目の円板で二〇通りの数字を試してみたあと、二番目の円板を少し動かしておいて、また三番目を二〇通り試すという操作を反復することになる。

この調子で僕は、どの数字を押しているのかつい忘れて最初に合わせた数字を乱すようなことなく、しかもこの操作ができるだけ早くできるようになるまで、自分のキャビネットでさんざん練習を積んだ。手品を練習する人のようにひっきりなしに練習を重ねた結果、完全なリズムを身につけ、三〇分足らずで四〇〇通りの数字を試せるようになった。ということは、一つのキャビネットを最大八時間、平均では四時間で開けることができるということだ。

ロスアラモスには、もう一人スティリーといって、やっぱり錠だの鍵だのに興味をもっている男がいた。ときどき二人で話はするが、それまでお互いにとりたてて進歩もなかった。だから平均四時間でキャビネットが開けられることがわかってから、僕はぜひこれをスティリーに教えてやろうと思いたった。計算部のオフィスに入っていって「ちょっとスティリーに見せることがあるから、この金庫を借りてもいいかい？」と声をかけると、部の連中が何人かよってきてその中の一人が「おいみんな、ファインマンが金庫破りのわざをスティリーに見せるんだとさ。ハハハハ」と笑った。僕はただスティリーに初めの数字の場所を忘れてやり直しをするようなことなしに、次の二つの番号をすばやくみつける術を教えてやろうと思っただけで、実際に金庫を開けてみせるつもりはさらさらなかった。

「まず最初の番号を40と仮定してかかろう」と僕は始めた。「そして第二の番号を15として試してみる。ぐるぐると左右に回して10に持ってゆく。次は5だけ余計に戻りまた10に持ってゆくという調子で試していく。これで三番目の番号の可能性は全部やってみた。次に第二の番号を20にしてまたやってみる。左、右、10。また5だけ余計に戻り、左、右、10。またもやこれより5だけ余計に戻り、左、右、10」カチン！

僕はあっと息をのんだ。第一と第二の番号が偶然にも正しかったのだ。

僕は野次馬どもに背を向けていたから、誰も僕の表情を見た者はいなかった。スティリーもびっくりしたが、彼も僕もすぐに事の次第を悟って何くわぬ顔をすると、僕が「そうらこの通り」とばかり一番上の引出しを意気揚々と開けてみせた。スティリーは「なるほどね。なかなかいい方法じゃないか」と言うと僕と並んで外に出た。まったくのまぐれ当りだったのに、それとは知らぬほかの連中はすっかり驚いてしまった。それ以来僕は金庫破りの名人として評判になってしまった。

ここまで腕をあげるにはまるまる一年半かかった。(その間原爆の仕事だってちゃんとやっていたのはもちろんのことだ。) だがもし何か緊急のこと——例えば人がコンビネーションを忘れたとか、亡くなったとか、コンビネーションを知っている者が誰もいないとき、金庫の中のものが必要になるとか——でも起こった場合には金庫をどうにか開けられるという自信はついた。読んだ本の中で本職の金庫破りが書き並べている、とてつもない大ボラ話と比べると、僕が達した境地はなかなか立派なものだと僕は思った。

ロスアラモスには娯楽などといったものは何一つなかったから、みんな自分でそれぞれ息ぬきになるようなものをみつけなくてはならない。だから僕が自分のファイルキャビネットのモスラー錠をもてあそんだのも、僕の娯楽の一つだったわけだ。ある日僕は面白いことに気がついた。錠をあけて引出しの中から書類などを出しているとき、たいていの人はダイヤルを最後の数字10に合わせたままにしていることが多い。だからボルトは下りたままになっている。ということはどういうことか？　ボルトが下りているということは、コンビネーションが合って三つの円板の刻みが揃ってできた穴に、ボルトがはいっているということだ。しめた！

ここでちょっとダイヤルを回して10からずらしてみると、ボルトが上がってくる。いそいで10に戻すと、まだ刻みの穴は乱れていない間だから、ボルトはまた下がっていく。10からずっと離れて5ずつとばして回していくと、ある点を過ぎたところで、10にいくら戻ってもうボルトは下りていかなくなる。つまり円板の刻みが揃わなくなったのだ。そしてボルトが下りていかなくなる直前の数字が、コンビネーションの最後の数なのだ！

これと同じ方法で、コンビネーションの第二の数字もみつけられることに僕は気がついた。最後の数がわかったらすぐ、また5ずつとばした数で逆の方向にダイヤルを回し、ボルトが下りていかなくなるまで第二の円板を少しずつ押してゆく。そしてボルトの下りなくなる直前の数字が第二のコンビネーション番号なのだ。こうして根気よくやりさえすれば、コンビネーションの数字を三つとも当てることができるわけだが、このこみいった方法で第一の数字を探すのは大仕事だし、どうせあと二つの数字がすでにわかっているんだから、キャビネットの閉まっているときに数字二〇通りの可能性を試す方がよっぽど速い。

さんざん練習したあげく、僕はほとんどダイヤルに目もくれずに、開いているキャビネットから最後の二つのコンビネーション番号を手に入れることができるようになった。誰かのオフィスで物理の問題など話し合っているとき、僕は開いているファイルキャビネットによりかかり、しゃべりながら無意識に鍵をチャラチャラもてあそぶ癖のある男そっくりの調子で、ダイヤルを右に左に少しずつ動かしてみる。ときにはボルトを見なくても上がってくるのがわかるように、指でボルトを押さえていることもある。この方法で、僕はいろんなキャビネットのコンビネーションの数字二つを手に入れた。そして部屋に戻るが早いか、紙片にその二つの数字を書きこんでは、僕のファイルキャビネットの錠の中に入れておく。だからその数字が要るときには錠をいちいちばらさなくてはならない。ここなら絶対安全だと思ってのことだ。

そのうち僕の評判はますます上がる一方になってきた。誰かが「おい、ファインマン。クリスティの金庫の中の書類が要るのに彼は出張でいないんだが、君開けられるかね?」と言うとする。これがもしコンビネーションを全然知らない金庫だったら僕は「残念だが今はできないよ。どうしても手が離せない仕事があるんだ」などと言う。

そうでなければ、「うん、やってもいいが道具をとってこなくちゃ」と言う。道具など要りはしないが、部屋に戻って僕のファイルキャビネットの錠をあけ、例の紙きれを見るわけだ。これには「クリスティ、35・60」などと書いてある。そこで僕はねじまわしをもっておもむろにクリスティのオフィスに行き、ドアを閉める。やたらとこの仕事を人に見せるわけにいかないのはもちろんのことだ。

部屋の中で一人で二、三分もやっていれば金庫が開く。単に最初の数字を当てるだけだから、多くても二〇通り試すだけのことだ。だから開いてしまうとあとはその辺に座って雑誌などを読んで一五分か二〇分ぐらい時間をつぶす。さっさと出てくれば、誰かがさてはトリックがあるなと疑いだすに違いないし、何も錠破りがわけないなんてことを、むりに知らせる必要はない。それから頃合を見計らってドアを開け、「開いたよ」と言うわけだ。

みんなは僕が何もトリックなしで、苦労して金庫を開けているものと思いこんでいた。いつぞやのスティリーの金庫のときのまぐれ当り以来、僕がどんな見たこともない金庫でも開けられるという評判が立ったが、さっき言ったような演技のおかげで、いつまでもそのイメージを保つことができた。僕が絶えずみんなのオフィスの金庫から コンビネーションの最後の数字二つを盗んでいるというのに、それに気がつく者はついに誰一人いなかった。トランプ手品をやる男がいつもトランプをパラパラやっているのと同じように、僕も絶えずやっていたから、かえって気がつかなかったのかもしれない。

僕はウラン工場の安全性を調べるため、よくオークリッジにも出張していた。戦時中のこととていつも時間に追われていたから、週末に出張しなくてはならないことも珍しくはなかった。ある日曜日、僕は将軍をはじめ、何とか会社の社長だか副社長だかが一人と、それにどこかのお歴々が二、三人といった面々といっしょに、ある男のオフィスに座っていた。僕たちはその男の金庫——秘密の金庫——に入っている報告について話し合いをするために集まっていたのだが、いざというときになってこの男、実は自分の金庫のコンビネーションを全然知らないのだということに突然気がついた。これを知っているのは彼の秘書一人きりである。あわてて彼女の家に電話したが、あいにく山にピクニックに行って留守だった。

この騒ぎの最中、僕は「この金庫を少しいじってみてもいいですか?」と口を出した。

「ハハハハハ。ちっともかまいませんよ。どうぞどうぞ!」

そこで僕は金庫のところへ行ってコトコトやりはじめた。

その間彼らは車を出してこの秘書を探し出す相談などしているのだが、当の本人はまったく面目丸つぶれだ。これだけの人間を一堂に集めて待たせておきながら、自分の金庫の開け方も知らないとは間抜けもいいところだ。みんなだんだんいらいらして腹を立てはじめた。と、そのとき、カチリ、とばかり金庫が開いた。

ただの一〇分で僕はこの工場全体の機密書類の入っている金庫を開けてしまったのだ。さあみんなびっくりぎょうてんしてしまった。金庫《セイフ》ともあろうものが、ちっとも安全《セイフ》でないではないか！　それも極秘も極秘、読むだけで口の端にものせてはならないというトップシークレットが、ものものしい秘密の金庫にしまいこんであったというのに、この男が来てコトコト何かやりだしたと思うと、たった一〇分でさっさと開けてしまったのだ！　これは大変なショックだった。

実を言うと僕がこの金庫を開けられたのはもちろん、例のコンビネーションの最後の数字二つを手に入れる習慣によるものだったのだ。その一カ月前このオークリッジに来ていたとき、僕はこのオフィスに入る機会があった。見ると金庫の引出しが開いている。だから何気ないそぶりで、例の通り数字を手に入れたのだった。いつでもどこでも僕はこの執念とも言うべき習慣を実行していたのだ。この数字は書きとめていなかったが、ぼんやり覚えていたから、はじめ40—15でやってみた。それから今度は

15—40で試したが、どっちもちがっているらしくびくともしない。そこで今度は10—45とし、第一の数字を全部一通りこれと組み合わせてみたら開いたのだった。

これと似たことがまた別の週末、オークリッジに来ていたときにも起こった。僕は以前に書いた報告にある大佐の承認をもらうため、彼のオフィスに入った。この報告は彼の金庫にしまいこまれていた。オークリッジの他の連中は皆、僕たちがロスアラモスで使っているのと同じようなファイルキャビネットに書類を入れていたが、彼だけは格が違う。何しろ彼は大佐なのだ。だからこの男だけは、扉が観音開きになっているうえ、大きな把手を引くと、太さが一センチ半もあるスチールのボルトが枠から抜けて扉が開くという、ご大層な金庫を持っていたのだった。この真鍮《しんちゅう》の扉を重々しく開くと、彼は僕の報告書を取り出した。今まで一度も本当に「絶対堅固」な金庫を見たことのなかった僕は、さっそく「僕の報告を読んでおられる間、この金庫を見せていただいてよろしいですか?」とたずねた。

「ああどうぞ。いくらでも見て下さい」と彼は、まさか僕が金庫をどうできるものでもあるまいと、高をくくって言った。ところが真鍮一枚板のドアの後ろを調べてみると、コンビネーションのダイヤルは、僕がロスアラモスで使っているファイルキャビネットについているのとまったく同じような小さな錠につながっているではないか。

同じ会社製、同じ小さなボルトだ。ただ違っていることは、ボルトが下がると、金庫の大きな把手でかんぬき状の棒を横に引くことができるようになり、その結果いくつかのレバーによって、一・五センチもある太いスチール製の棒何本かが引かれるしかけになっていることだった。だがこのレバーのシステム全体が、僕たちのファイルキャビネットに錠をおろすのと同じ、例の小さなボルト一つにかかっているらしいのだ。

僕はプロ的良心から、これがほんとうに僕の錠のボルトと同じかどうかを確かめたいと思った。そこで例の二つの数字をいつもの方法で手に入れたのだ。

この間大佐はずっと僕の報告書を読んでいたが、読みおえると、「これでけっこう」と言ってまた報告書を金庫にしまいこんだ。そして大きな把手をつかむと、巨大な真鍮の扉を中央に合わせてぴたりと閉じた。扉はいかにも気持ちの良い音をたててがっしり閉まったが、その錠たるや例の簡単きわまる錠なのだから、音なんか明らかに気安めにすぎない。

僕はどうも(あのすてきな軍服を着こんだ)軍人というと、ついからかいたくなる癖がある。このときもどうしても我慢できなくなって、「あの金庫を閉められるのを見ていますと、中の物は絶対に安全だと思っておられるようですな」と言った。

「無論です。」

「中の物が安全《セイフ》だと思われる理由はただ一つ、民間人があれを「金庫《セイフ》」とよんでいるからでしょう。」(僕はこの民間人という言葉を入れて、いかにも軍人の彼が民間人にからかわれている、という感じをこめたのだ。)

彼はカンカンになった。「あれが安全でないとは君、いったいどういう意味だ？」

「腕ききの金庫破りなら、あんなもの三〇分で開けちまいますよ。」

「それなら君も三〇分で開けられるかね？」

「『腕ききの』と言ったでしょう。僕だったら四五分はゆうにかかりますね。」

「まさか！」と彼は叫んだ。「妻が家で夕食を作って待っているが、こうなったらもうここに落ちついて、君がそこに尻を据えて金庫と格闘するところを見物するとしよう。四五分やったって開くものか！」彼はそう言うと、大きな皮椅子にでんと腰を下ろしてデスクに足をのせ、本を読みはじめた。

僕は自信たっぷりに椅子を一つ持ちあげると、金庫の前に持っていってこれに座った。そして少しはアクションもないとまずいと思い、ダイヤルをぐるぐる回しはじめた。

五分たつと――五分とは言っても待つ身にとっては長い時間だ――大佐はややしびれを切らしはじめた。「それで少しは進行しているのかね？」

すな。」

「この種の金庫ですと、開けられるか、それとも全然開けられないかのどちらかで

もう一、二分も焦らせればいいだろうと僕は腹の中で思っていたので、いよいよ本気で仕事にとりかかった。と、二分後、「カチン」という音とともに金庫が開いた。

大佐の口はポカンと開き、目玉がとびだした。

「ねえ大佐」と僕はまじめになって言った。「この錠についてちょっと説明させていただきましょうか。金庫の扉やファイルキャビネットの一番上の引出しが開いているときには、コンビネーションを手に入れるのはわけもないことなんですよ。僕はその危険性をわかっていただこうと思って、報告書を読んでおられる間に、それをやったわけです。だからみんなが書類を出したり入れたりしているとき、扉や引出しの開けっぱなしを厳禁するよう強調される必要がありますな。とにかく扉や引出しが開いているときは弱みをさらしているようなもんで、実に危ないですからね。」

「いやまったくだ。なるほどよくわかった。実におもしろい！」というわけで、これ以来彼は僕の味方になった。

ところが次にまたオークリッジに来てみると、僕が何者かを知っている秘書やそのほかの連中は、皆口をそろえて「あっちへ行ってください。ここを通らないで！」と

言う。

例の大佐が工場中に「この前のファインマン氏のオークリッジ訪問の際、諸君のオフィスの中に入ったり、あるいはそのそばに来たり、通りぬけたりしたことがあるか？」という回覧を回したのだ。「はい」という者も「いいえ」という者もあったが、「はい」と答えた者には、「錠のコンビネーションを変えられたし」という第二の通達が回ってきた。

これがかの大佐の問題解決法だったのだ。つまりこの「僕」こそが危険人物だったわけだ。だから僕のせいでみんな錠前のコンビネーションを変えなくてはならなくなった次第だが、そのうえにまたもや新しい数字を暗記するなどまったく厄介千万だ。それでみんな僕に腹を立てて、「よるな！」「さわるな！」うっかりするとまたコンビネーションを変えさせられるぞ、ということになってしまったわけだ。しかもそういう彼らのファイルキャビネットの方は、あいもかわらず開けっ放しだったのだ！

ロスアラモスで僕らがちょっとでも手がけた仕事は、みな公文書になって図書館に保管されていた。この図書館というのが、まるで銀行の貴重品保管庫みたいに車輪状の把手のついた立派なドアまである、コンクリートの頑丈な部屋だった。

当時僕はこの把手をこの眼で詳しく見たいと思っていたので、たまたま顔見知りだった女性司書に頼みこんで触らせてもらったことがある。後にも先にもあんなでかい錠前を見たのは初めてだったから、僕はすっかりこれに魅せられてしまった。しかし残念ながら例のやり方でコンビネーションの最後の数字二つを手に入れることは、決してできないことがわかった。それどころか、ドアの開いているときにノブを回していると、錠が下りてしまい、ボルトがつき出てきて司書にまた錠を開けてもらわなくては、ドアを閉めることすらできなくなってしまう。僕の金庫破りも、ここに至ってゆきづまった。これがどういうしかけになっているのかを解明するには、時間がいくらあっても足りそうになく、僕の能力では手も足も出なかったのだ。

終戦後すでにコーネルで教鞭をとっていた僕は、公文書を書きあげたりやりかけの仕事をしあげるため、一夏ロスアラモスに舞い戻った。ある日一所懸命に公文書を書いている最中、どうしても前に書いた報告書を見る必要がでてきた。どんな内容だったかはっきりは覚えていないが、とにかく図書館にしまいこまれている書類である。

図書館に行ってみると、銃をかまえた番兵が、前を行ったり来たりしてがんばっている。その日は土曜日で、戦後は図書館も週末には閉まっていたのだ。

このとき僕は親友で、機密解除部につとめているフレデリック・デ・ホフマンのやったことを思い出した。戦争が終わると陸軍は、公文書のうちのあるものを極秘種別から外そうとしていた。係のデ・ホフマンは、だから足しげく図書館に通っては、あの公文書この公文書に目を通し、あれこれ調べなくてはならない。とうとう業をにやした彼は、公文書一式全部——あの原爆の秘密全部——をコピーにして、彼のオフィスの九つのファイルキャビネットにしまっておくことにしたのだった。

これを思い出した僕はさっそく彼のオフィスに行ってみた。あかりはついているが誰もいない。どうやら秘書か誰かがほんのさっきまでそこにいて、ちょっと席を外したものらしい。しかたなく僕はそこで待つことにした。待っている間、僕はファイルキャビネットのダイヤルをもてあそびはじめた。(デ・ホフマンの金庫は戦後僕がロスアラモスを去ってから後に来たものだから、そのコンビネーションの最後の二つの数字は知らなかった。)

ダイヤルの一つをもてあそんでいるうち、僕は例の金庫破りの手引書に書いてあったことを思いだした。「あの本に書いてあるコツにはろくなものがないと思いこんで試してもみなかったが、一つ本の通りやってデ・ホフマンの金庫が果して開くかどうかやってみよう。」

さて手引書によるコツの第一は秘書だ。秘書はいつもコンビネーションを忘れては一大事と思っているから、これをどこかに書きつけるはずだ。僕は本に書いてあった場所を探しはじめた。デスクの引出しには錠がかかっていた。ただしこの錠は、レオ・ラバテリが教えてくれたのと同じ普通の錠だから、カチンとばかりわけもなく開いた。引出しのふちを見たが何も書いてない。

次は秘書がしまいこんでいる書類に目を通す。中にギリシア文字がていねいに書かれ、その読み方が書いてある紙があった。数学の公式などを扱うとき、まちがいのないよう作られた表で、秘書なら誰でも持っているものだ。見るとその紙のてっぺんに走り書きで $\pi = 3.14159$ と書いてあるではないか。六けたの数字だ。秘書が π の数値を知る必要などあるはずがない。理由はわかりきっているじゃないか！

そこで僕はファイルキャビネットのところに戻り、まず31—41—59のコンビネーションを試してみた。錠はカチリとも言わない。次に59—41—31とやったがこれもだめだ。95—14—13、逆の順序、前から後ろから逆から、といろいろな組合せを試してみたが、びくともしない。

僕はしかたなく引出しを閉めてオフィスから出ようとしたが、その瞬間また金庫破りの本が頭に浮かんできた。コツの第二は持主の心理だ。僕は腹の中で「フレディ・デ・ホフマンのことだから、きっと数学の定数などを金庫のコンビネーションに使うに違いない」と思った。

僕はまず第一のファイルキャビネットへ行き、27—18—28を試してみると、果せるかなカチンとばかり錠が開いた。（πの次に大切な定数は自然対数の底であるeの2.71828だ。）九つあるファイルキャビネットのうち、こうして一つは開いた。ところが僕の要る書類は、ほかのキャビネットの中だ。著者名のアルファベット順になっているから、二番目のキャビネットにも27—18—28とやってみたら、これもカチンと開くではないか。「何ということだ！　原爆の秘密がこんなに簡単にあいてしまった。だがもしこの話をあとで誰かにして聞かせるつもりなら、コンビネーションが九つとも皆同じだということを先に確かめなくては……」と僕は思った。ファイルキャビネットのうち、いくつかは別の部屋にあったので、その一つにまたもや27—18—28を試してみると、これも開いてしまった。これで金庫三つ開けてしまったことになる。しかもどれもこれも皆同じコンビネーション番号とは！

「これで僕も誰にも負けない金庫破りの本が書けるぞ」と僕は思った。まず冒頭に今までの金庫破りが絶対に出くわしたことのないような、もっとも重大な——むろん生命は例外だが——もっとも価値ある中味をもつ金庫を、ものの見事に開けた……と書くことにしよう。この中味に勝てるものはあるまい。金の延べ棒や毛皮なんかとても比べものにならない。何しろ僕は原爆の秘密が全部入った金庫を見事開けたのだ。

プルトニウムの生産スケジュール、精製過程、必要な原料の量、爆発までの反応過程、中性子発生の仕組み、原爆の設計、その仕様等々、ロスアラモスでわかっていた原爆に関する情報が一つ残らず入っている金庫をである！

僕は第二のキャビネットに戻って必要な書類を取り出した。それからその辺にあった黄色い紙に赤いクレヨンで「公文書第ＬＡ四三一二号を借りた――金庫破りのファインマン」と書いてファイルの上におき、引出しを閉めた。

こうしておいて今度はさっきの第一キャビネットに行き、「これもさっきのと同じく、ちっとも苦労しなかった――生意気な男」というメモを残して、これも閉めた。

次は別室のキャビネットの番だ。これには「コンビネーションが皆同じだと、どいつもこいつも開けるのは簡単だ――同じ男」と書き残した。それから自分のオフィスに戻ると、一気に報告書を書きあげた。

その夕方カフェテリアに食事をしにいくと、フレディ・デ・ホフマンがいる。夕食後オフィスに仕事をしにいくと言うので、面白いから僕もついていくことにした。

仕事を始めた彼は、間もなく別室のキャビネットを開けにいった。これは僕が全然予期していなかったことである。しかも彼は僕が第三のメモを残したキャビネットを、まず開けてしまった。引出しを開けた彼は、見なれない黄色の紙に真っ赤なクレヨンで何ごとかなぐり書きしてあるのを見つけた。

人は恐怖にかられると、その顔が真っ青になるものだと、以前本で読んだことがあるが、実際にお目にかかったことはかつてなかった。ところがこれはまったく本当のことなのだ。フレディの顔はそのときさっと灰色になり、これが黄色がかった緑にかわった。見るも恐ろしい顔色ではある。彼はその紙きれをとりあげたが、手がブルブル震えている。「こ、これを見てくれ！」と彼は震えながら叫んだ。

この紙片には「コンビネーションが皆同じだと、どいつもこいつも開けるのは簡単だ――同じ男」と書いてある。

「どういう意味だろう？」と僕はとぼけた。

「ぼ、ぼくの金庫のコンビネーションは、み、み、みんな同じなんだ！」

「そりゃあんまり感心したこっちゃないね。」

「それが今、わ、わかった！」と彼はもうすっかりショック状態だ。

どうやら顔から血が引くということは、脳も働きを止めるということらしい。「おまけに署名までしてある。署名が！」と叫んだ。

「何だって？」(あのメモには僕の名前なんか書いてないはずだ。)

「そうだ。「オメガ館」に入ろうとした、あの「同じ男」だ！」

ロスアラモスでは戦争中はもちろんのこと、戦後になってまでも、「オメガ館に忍び込もうとしてる奴がいる」という噂がつきまとったものだった。戦争中、原爆の連鎖反応をほんのわずか起こすに必要なだけの材料を集める実験が行なわれていた。一片の材料をもう一片の材料の中に落とすと、これが通っていくとき反応が始まるから、これで中性子がどれだけ放出されたかを計るわけだ。この材料片はものすごい速度で通り抜けてしまうから、蓄積されて爆発する心配は無用だ。それでもある程度の反応は起こり始める。その反応が正しく始まっているか、その速度は適当か、予測通りに進行しているかなどを知るには充分なだけの反応である。だからやっぱり非常に危険な実験なのだ。

もちろんこんな危ない実験をロスアラモスのどまんなかでやりはしなかった。数マイル離れ、メサをいくつか越えた向こうの峡谷に、それだけ隔離されてオメガ館はあった。この建物には専用の塀があり、監視塔までついていた。夜中であたりがしんとしているとき、草むらから飛び出したウサギが塀にぶつかって音でもたてようものなら、見張りが発砲する。責任者の中尉が巡回してくると、この見張りは何と言うだろうか？　ただのウサギでした、などと言うだろうか？　めっそうもない。「オメガ館に忍び込もうとした者がおりましたので、威嚇射撃して追っぱらいました」とか何とか言うに違いないのだ。

だからデ・ホフマンはこのとき、すっかり青くなってふるえあがり、自分の理屈に一つ抜けたところがあることには気がつかない。いったい例のオメガ館に忍び込もうとしたその「同じ男」が、今彼の横に立っているのと「同じ男」かどうかはわからないではないか。

どうしたらよいだろうかと、彼は僕に向かってたずねた。

「そうだな。まず公文書がなくなってるかどうか調べることだな。」

「なくなってはいないようだ」と彼は言った。「どうやら大丈夫らしい。」

僕は何とか彼を最初の書きおきのあるキャビネットの方に行かせようとして、「えーと、そうだな。もしコンビネーションが皆同じだとすれば、ほかの引出しから何か盗んだかもしれないな。」

「そうだ!」と彼は叫んでオフィスに戻ると、僕が第二の書きおきを残した方の第一キャビネットを開けた。「これもさっきのと同じく、ちっとも苦労しなかった――生意気な男」という奴だ。

こうなるともう「同じ男」だろうが「生意気な男」だろうがいっしょくただ。これこそオメガ館に忍び込もうとしたあの男だ……とばかりフレディの逆上した頭の中では、これが正真正銘の事実になってしまった。そう思いこんでしまった彼に、僕の第一のメモのあるキャビネットを開けさせるのは至難のわざだった。どうやって開けさせるようにしむけることができたか、今では覚えていない。

とにかく彼がそのキャビネットを開け始めたのを見届けて、僕は廊下に出た。彼をこれだけの目にあわせたのが僕だとわかったら、喉笛でもかっ切られるのではないかと、いささか恐ろしかったからだ！

おそれていた通り、彼はドカドカと僕を追いかけてきた。だが腹を立てるどころか、原爆の秘密を盗まれたというこの一大事が、実は僕のほんのいたずらに過ぎなかったことがわかって、その安堵感から僕に抱きつかんばかりだった。

その二、三日後、デ・ホフマンはカーストの金庫の中の書類が要ると言いだした。ドナルド・カーストはもうイリノイに帰ってしまって連絡がとれない。デ・ホフマンは「僕の金庫を心理法で開けたくらいだから(彼にはあのコツの話をしてあった)、同じ方法でカーストの金庫だって開けられるかもしれないぜ」と言う。

僕の金庫破りはすでに知れわたっていたから、カーストの金庫を何の手がかりもなしに開けるファインマンの離れ業を見ようとばかり、これまた何人かの野次馬がついてきた。今度は何も一人でこっそりやることはない。何しろカーストの金庫のしまいの数字二つを知らないのだから、心理法を使うしかない。それにはカーストを知る人が必要だ。

そこで一同ぞろぞろとカーストのオフィスに乗りこんだ。まず引出しから何か手がかりを探そうとしたが、何もなかった。そこで僕はまわりの連中にたずねることにした。「カーストの使いそうなコンビネーションは何だろう？ 数学の定数かな？」

「いやあ、とんでもない」とデ・ホフマンが答えた。「カーストなら何かもっと簡単なものを使うよ。」

そこで僕は10―20―30、20―40―60、60―40―20、30―20―10と続けてやってみたが、手応えがない。

「あの男、日付を使ったりするかな？」

「うん、そうだ！」とみんなが叫んだ。「日付を使いそうな男だよ、あいつは。」

そこで僕たちはいろいろな日付を試してみた。原爆の落ちた日、8―6―45、86―19―45、その他マンハッタン計画の始まった日など次々とやってみたが全然効果がない。

もうこのときには、ほとんどの連中が痺れをきらしていなくなってしまった。みんな僕がゴタゴタやっているのを見ている根気がないのだ。だがこういうことをやるには、一にも根気、二にも根気しかない。

そこで僕は一九〇〇年から現在までの日付を全部試してみることにした。こういうといかにも莫大な数のように聞こえるが、実はそれほどでもないのだ。最初の数字は月、つまり1から12までで、一つの数の両側二数ずつまでは狂っても大丈夫なことは前にも言ったようにわかっているから、10、5、0の三つの数字を使ってやればよろしい。第二の数字は日付で、1から31までだが、これも六つの数字で用が足りる。三番目の数字は年で、そのときは一九四七年だったから47しかないし、これも九つばかりの数字ですます。この調子で八〇〇〇あるはずの組合せが一六二になるから、一五分か二〇分あればいいわけだ。

月の数字を選ぶのに多い方からはじめたのは返す返すも残念だった。何しろとうとう金庫を開けたときのコンビネーションは、0―5―35だったからだ。

僕はデ・ホフマンの方を向いて、「一九三五年の一月五日に何かカーストの身に起ったことがあるかい？」とたずねた。

「彼の娘が一九三六年に生まれている」とデ・ホフマンが答えた。

「きっと娘の誕生日だろう。」

こうして僕は未知の金庫を二つも開けてしまった。かなり腕があがってきたものだ。

こうなれば僕もプロなみだ。

戦後の夏のこと、政府の購入した備品を余剰物資として売りはらうため、備品係がキャビネットなどの備品を引き取りにロスアラモスにやってきた。その中の一つがある大佐の金庫だった。僕たちの中でこの金庫について知らない者はいなかった。戦争中この大佐がロスアラモスにやってきたとき、彼ほどの人間が扱う極秘の情報を保管するのに普通のファイルキャビネットでは危ないというので、自ら特別な金庫を注文したのだ。

さてこの大佐のオフィスは僕たちのオフィスのあるお粗末な木造の建物の二階だったが、彼の注文したこの金庫はすごく重いスチール製だ。だから階段から持ちあげるのに人夫たちがわざわざ木の台座を作り、特別のジャッキを使わなくてはならないという騒ぎだった。ほかに面白いこととてなかったから、僕たちはこの大金庫を二階のオフィスに持ち上げるご苦労な作業を、大喜びで見物したうえ、大佐がどんなすごい秘密をその金庫にしまうのだろうと冗談を言っては笑っていた。ある男など、僕たちの書類の方をあの金庫にしまって、彼の書類は僕たちのファイルキャビネットに入れた方がいいなどと言いだした。そういうわけで、この金庫のことを知らぬ者はいなかったのだ。

さて備品係の男が、この問題の金庫を余剰品として売るため引き取りたいというのだが、それにはまず引出しを空にしなければならない。ところがその錠のコンビネーションを知っているのは、今はビキニ島にいる本人の大佐と、アルヴァレスという男しかいない。しかもアルヴァレスはそんなコンビネーションなんか、とっくの昔に忘れてしまっている。そこで僕がまたもや金庫を開ける仕事をおおせつかった。

僕はまずもと大佐のオフィスだった部屋に行って秘書に、「電話で大佐にコンビネーションを聞いたらどうかね」と言った。

「でもあまり大佐にご迷惑をおかけしたくないんです。」

「しかしそれなら君は、この僕に八時間も迷惑をかけることになるんだぜ。君が少なくとも彼に電話する努力ぐらいしなかったら、僕はやりたくないね。」

「はいはい、わかりましたわ」とばかり彼女は受話器をとった。

僕はその間隣の部屋に入って金庫を眺めることにした。見るとその巨大なスチール製の金庫の扉がいっぱいに開いているではないか。

僕は秘書のところに戻って「もう開いてるよ」と言った。

「あら、信じられないわ。まあすてき！」と彼女は受話器を戻しながら感嘆した。

「違うよ。もうちゃんと開いてたんだよ。」

「あら、それじゃ結局備品係が開けたんだわ、きっと。」

僕は備品係の男のいるところまで下りていった。「金庫のところに行ってみたら、とっくの昔に開いていたよ。」

「ああ、そうだった。言うのを忘れていてすみません」と彼はあわてて言った。「うちの課の本職の錠前係に頼んでドリルで開けさせようと思ったら、穴を開ける前にいろいろやってみたらしいんです。そうしたら開いたというわけで。」

何たることだ！　第一ロスアラモスに本職の錠前係がいるなど初耳だ！　第二にその男は金庫をドリルで開けるなどという、僕の知らない技術を持っているらしい。第三にこの男はたったの数分で未知の金庫が開けられるのだ。これこそ本物のプロだ。彼からしか奥の手はききだせない。何としてでもこの男に会いたいものだ。

その男というのは、戦後(保安がそれほど問題にならなくなってから)このような仕事をするため雇われた錠前係だということがわかった。聞くところによると、金庫を開ける仕事などそうたくさんはなかったので、僕たちがもと使っていた例のマーチャント式計算機を修理する仕事をしているのだそうだ。戦時中は僕もその修理をよくやったものだから、これで何とか彼に会うきっかけがつかめそうだと僕は思った。

僕は人に会うのに今までわざとらしい手を使ったり、持ってまわったようなやり方をしたことがない。さっさとその人のところに行って自己紹介をするのが僕のやり方だ。しかしこの男の場合は違った。とにかくこの名人に会うということは、僕にとっては重大事だ。だからいくら僕だって、やっぱり少しは腕のあるところを見せなくては、とても彼に金庫の開け方の秘術など伝授してもらえまいと思いこんでいたのだった。

まず僕はこの男の部屋のありかを調べてきた。僕が働いている理論物理部の地下で、計算機類が使用されていない夜の時間に彼が働いていることもわかった。僕はまず夕方僕のオフィスに行く途中、彼のドアの前を通ることを実行しはじめた。ただ通るだけ、ドアの前を通りすぎるだけだ。

これを幾晩か続けたあと、「よう！」と声をかけはじめた。しばらくこれをやっているうち、向こうでも同じ男が毎晩そこを通るのを見て、「よう」とか「今晩は」とか言いはじめた。

まったく気の長い話だ。これが何週間か続いたある夜、僕は彼がマーチャント式計算機の修理をやっているのを見かけたが、それでもまだ何も言わなかった。まだ機は熟していない。

そのうちお互いに少しずつ物を言うようになった。

「よう。ご精がでますな！」「うん、なかなか忙しいよ」てな程度である。

そしてとうとう壁を突破する日がやってきた。彼が僕にスープをいっしょに飲もうと誘ったのだ。これからあとはすらすらと進行しはじめた。毎晩僕たちはいっしょにスープを飲む。そして僕はぼつぼつ加算器のことに触れはじめた。すると彼はちょうど今頭を痛めている問題があることをうちあけた。一連のばねのついた輪を軸にはめ直そうとしているのだが、ちょうど良い道具がないか何かで、これがどうしてもうまくいかず、もう一週間もこれにひっかかっている……というのだ。そこで僕は、戦時中は僕もあの機械を少しはいじったことがあると話したあと、こう言った。

「何だったら今晩その機械を出しておかないか？　僕が明日見てみるよ。」

すると彼はもうこの機械には手をやいているから、

「うん、頼むよ」と言った。

次の日僕はこの機械を調べたあげく、手に輪を全部持って軸にはめこもうとしたが、すぐにはね返ってちっともうまく入っていかない。僕は腹の中で、「あの男がもう一週間も同じことをやったあげく、今度は僕がまたいくらやってもだめなんだから、つまりこんなやり方じゃだめだということだ」と思った。そこで僕はこれをあきらめて、もう一度この輪をよくよく見ると、輪の一つ一つに小さな孔が開いている。ただの小さい孔だ。ここでパッと頭にひらめくものがあった。僕は最初の輪をばねではめこむと、この小さな孔に針金を通した。それから次の輪をばねではめると、これもまた孔に針金を通す、という調子で、まるでビーズでもつなぐように次々と車輪を入れては針金を通していった。こうして最初の試みで、全部の輪をちゃんとはめこむことができき、一列に並んだところで針金を引き抜くと見事におさまった。

その晩、僕は錠前係の男にこの小さな孔を見せ、僕のやったことを説明した。それからというもの、僕たちは大いに機械の話をしはじめ、すっかり意気投合してしまった。彼の部屋には小さな棚がたくさんあって、そこに半分ばらしかけた錠や、金庫の部品まで入れてあった。よだれが出んばかりの品々だ！　それでも僕はぐっとこらえて錠前や金庫のことは、おくびにも出さなかった。

そのうちとうとう待ちに待ったチャンスや近しと思った僕は、金庫のことについて、ちょっぴりカマをかけることにした。つまり僕の持っている知識の中で、ただ一つの奥の手――例の開いている金庫のコンビネーションの終りの数字二つを手に入れる――あれを彼に話そうと思ったのだ。「あっ！　君はモスラー錠も手がけてるんだね」僕は棚をのぞきながら言った。

「ああ。」

「知ってるだろうが、このての錠はまったく役に立たないよ。開いてさえいりゃ、最後の数字が二つ、わけもなくわかるんだからね。」

「ほんとかい？」と彼はとうとう興味をみせはじめた。

「うん。」

「やってみせてくれよ」と言うので、僕がさっそく実演してみせると、彼は僕の顔をまじまじと見て、「君の名前は何というんだい？」ときいた。こんなに長い間つきあっていながら、僕らはお互いの名前も知らなかったのだ。

「ディック・ファインマン。」

「ひえっ！　君がファインマンか！」と彼はおそれいってしまった。「金庫破りの大名人の！　君のことはみんなから聞いてよく知ってるよ。それでもうずっと前から君に会いたいと思ってたんだ。錠破りのコツを習おうと思ってね。」

「何だって？　君こそ見知らぬ金庫をさっさと開けるコツを知ってるじゃないか！」

「そんなことは知らないよ、僕は。」

「ほら、例の大佐の金庫を覚えているかい？　あれを聞いたもんだから僕の方こそ何とか君に会ってコツを習おうと思って一所懸命だったんだ。だのにはじめての金庫など開けられないって言うのか？」

「その通りだよ。」

「ドリルで金庫を開ける方法なら知ってるんだろう？」

「それも知らないよ。」

「何だって？」と僕は呆れて叫んだ。「君が道具をつかんで大佐の金庫にドリルで穴をあけにあがっていったと、備品係の男が言ってたぞ。」

「まあ錠前屋ってんで雇われた身にもなってみろよ」と彼は言った。

「金庫にドリルで穴をあけてくれと頼まれたら、君ならどうするかい？」

「そうだな。僕なら道具をせいぜいはでに組み合わせて金庫のところに持っていき、ドリルをどこかでたらめなところにあててダダダダとやるね。そうすれば首だけはつながるだろう？」

「だから僕もその通りやるつもりだったんだ。」

「だが君はあれを開けちゃったじゃないか！　金庫破りのコツを知らないわけはないだろう？」

「ああ、あれか。たいていの金庫が工場から来たときのコンビネーションは、25―0―25か、50―25―50だってことを知ってたんだ。だからあのとき、「ひょっとしたらあの男、めんどうくさがってコンビネーションを変えてないかもしれない」と思ってやってみたら、二番目のコンビネーションで開いただけのことさ。」

というわけで僕はこのとき確かに彼から学ぶところがあった。つまり僕があれほど「奇蹟的」だとばかり得意になっていた方法——何のことはない、コンビネーションの数字を前もって知るという方法——で、彼もまた金庫を開けたのだということだった。もっとおかしいのは、例の威張りくさった大佐が、大げさにもあのスーパー金庫をわざわざ注文したあげく、みんなにさんざん苦労をかけてオフィスまで持ちあげさせておきながら、コンビネーションを変えることすらしなかったということだった。

僕はこれ以来、僕のオフィスのある建物の部屋から部屋へと渡り歩いて、錠前係から習ったあの二つのコンビネーションを試してみたところ、金庫五つに一つは必ず開いたのには呆れるほかなかった。

国家は君を必要とせず！

終戦後の一時期、ドイツ占領軍の人員が不足して困っていた陸軍は、桶の底でもさらうみたいに誰でも彼でもおかまいなしに徴兵しようと苦心していた。それまでは身体検査の結果以外の理由でも徴兵延期ができたのだったが(たとえば僕は原爆の仕事をしているという理由で徴兵延期になっていた)、終戦後はこれがあべこべになって、みんな一律にまず身体検査を受けなくてはならないことになった。

その夏僕はニューヨーク州スケネクテディにあるジェネラル・エレクトリック社で、ハンス・ベーテといっしょに働いていたのだが、その身体検査を受けにわざわざかなり離れたところ――たしかアルバニーだったと思うが――まで出かけていかなくてはならなかったのを覚えている。

さて徴兵局身体検査所についてみると、まず書類をどっさり渡された。これに記入し終えると、今度は次から次へとそれぞれ囲いのある検査室めぐりをしなくてはならない。一つの囲いの中では視力検査、次では聴力、その次では血液をとられる、といった調子であちこちまわったあげく、一三番の検査室にたどりついた。精神科の検査である。ベンチに座って待たされている間、こっちから検査の有様が丸見えだ。向こうにデスクが三つ据えてあって、その後ろに一人ずつ精神科の医者が座っている。そして机を隔ててパンツ一つの「罪人」が座らされて、医者の「訊問」に答えるという寸法だ。

その頃精神科医の話がよく映画になったものだった。『スペルバウンド』などその良い例だが、ある優秀な女性ピアニストの手が変な形になったまま動かなくなる。そこで彼女の家族が何とかこれを治そうと思って精神科の医者をよぶ。さてやってきた医者は、ピアニストといっしょに二階の部屋にあがっていき、ドアを閉めてしまう。階下では家族がどうなることかと話し合っている。するとしばらくして彼女が部屋から出てくるのだが、その手はまだ変な格好のままだ。とにかく彼女は階段をいともドラマティックに下りてくると、ピアノの前に座って手を鍵盤の上にのせる。と、突然タン、タタタ、タンタタタンタンとばかり彼女の指が走りはじめる。彼女はまたピアノが弾けるようになったのだ。実を言うと僕はこういうでたらめな話が大嫌いなのだ。精神科医なんてものは皆インチキだと思っているから、連中の顔など見たくもない。

いよいよ僕の番がきたとき、僕はこういうムードで医者の前に座った。

僕がデスクの前に座ると、医者は書類に目を通しながらやけに快活な声で「やあ、ディック」と言った。「君はどこで働いているのかね？」

「ディックなんぞと呼びつけにしやがって、いったい自分を何様だと思っているんだ！」と腹の中で思いながら僕は冷やかに「スケネクテディ」と答えた。

「どういうところで働いているのかね、ディック？」と医者はあいかわらずニコニコしている。

「ジェネラル・エレクトリック。」

「君は自分のやっている仕事に満足しているかね、ディック？」と例の作り笑いのまま医者がたずねる。

「まああですな」と僕は全然そっけない。

これまでの三つは軽い質問だったが、四つめは急に変わってきた。

「人が君のことを噂していると思うかね？」と彼は声をおとしておごそかに言った。

僕はたちまち元気になって「むろんですよ。僕が帰省するたびおふくろが言うんですよ、いつも友だちに僕のことを話しているってね。」ところが医者は僕の言うことなど聞いていやしない。何やら書類に書きこんでいる。

書きおわるとまた低いおごそかな声で「人が君をじろじろ見ていると思うかね？」僕がもう少しで「いいえ」と言おうとしていたら、「たとえばそっちのベンチで待っている連中が、君のことを今じろじろ見ていると思うかね？」と重ねてたずねた。

さっき番を待っている間、僕は一二人くらいの男たちがベンチに腰かけて、三人の精神科医の検査の順番を待っているのに気がついていた。むろんこの連中は手持ぶさたでほかに何も見るものなどない。だから僕は三人の医者の数でこの一二人を割って四人ずつとふんだが、少し内輪に見積って「そうですな。まああの中の二人は僕たちを見ていますね」と答えた。

すると医者は「じゃあふりむいて見てごらん」と言ったが、自分ではそっちを見ようともしない。

ふりむいてみると、果せるかな二人の男がこっちを見ている。そこで僕はそっちを指さして「ほら、あの男と向こうのあの男がこっちを見ていますよ」と言ってやった。むろんこんな具合にふりむいて指をさしたりすれば、他の連中もみんなこっちを見ることになる。そこで僕は、「ははあ、こっちの男も、向こうの二人もだ。おやおやずいぶんたくさんの数になった」と言った。それでも医者はまだ何やらごちゃごちゃ書類に書きこむのに忙しく、確かめてみようともしない。

それから今度は「頭の中で声が聞こえるようなことがあるかね？」ときた。「あるとしてもまれですね」と、僕が今まで二回ほどそういう経験をしたことを話そうとしていたら、今度は「独り言を言うことがあるかね？」と重ねてきかれた。「ええ、まあときどきですがね。ひげをそっているときとか、考え事をしているときとか……」

医者はここでまた何やらしきりと書きこんでいる。

「君は奥さんを亡くしたとあるが、その奥さんと話をすることがあるかね？」

僕はむっとしたが、ぐっとこらえて、

「山へ行ったりして彼女のことを考えているときには、ときどきね。」またもや医者のペンが走る。「で、家族の中に精神病院などに入っている者がいるかね？」

「ええ、僕の叔母が一人脳病院にいます。」

「君、何で脳病院などと言うんだね？」と医者はくやしそうに言った。「精神病院となぜ言わんのだ？」

「どっちだって同じじゃないんですか？」医者はむくれた調子で「それでは君はいったい精神病とはどういうものだと思っているのかね？」

「不可思議で奇妙な、人間の病気ですな」と僕は大まじめに言った。

「何が不思議であるものか。精神病だって虫垂炎と違ったところなど、少しもありゃしないんだ」と医者は憤然とやり返した。

「僕は同じだとは思いませんね。虫垂炎ならもっとよく原因がわかっているし、病気になる過程だってある程度はわかるが、精神病となるともっと複雑だし、はかり知れないものがあると思いますね。」そのとき僕が言ったことを全部今ここに繰り返すつもりはないが、僕が言いたいことは、僕の方は精神病が生理学的に不思議で奇妙だと言ったのを、医者の方は社会的に奇妙だという風にとったということだ。

僕はこの精神科医に対して素っ気ない態度はとっていたが、ここまではいつも正直に返事をしてきた。しかし医者が僕に手を出してみせろと言ったときには、とうとう持ちまえのいたずら心が頭をもたげてきて、さっきの血液検査のとき習ったいたずらを、どうしてもやらずにはいられなくなった。こんないたずらをやる機会はなかなかないものだし、僕はどうせもうこの検査ではいいかげんにらまれてしまっているに違いないから、ついでにやっちまおうという気になったのだ。そこで僕は片方の手は手の平を上に向け、もう一方は逆に手の平を下向きにして出した。

精神科医はそれでも気がつかないで、「では裏に返して」と言う。僕は手を裏に返したが、今まで手の平が上を向いていた方が下向きになり、下向きだった方は上向きになった。それでもまだこの医者は気がつかない。何しろ僕の手が震えているかどうか見きわめようとして、うんと近くから片手だけにらんでいるからだ。だからいたずらはてんで効を奏さなかった。

こういう種類の質問が全部終わると、医者はまたきげんが良くなった。彼は明るい顔に戻って、「ディック、君は博士号を持っているが、どこで勉強したのかね？」と聞いた。

「ＭＩＴとプリンストンです。で、先生はどこで勉強されたんですか？」

「エールとロンドンだ。で何を勉強したのかね、ディック？」

「物理学です。で先生は何を勉強されたので？」

「医学だ。」

「じゃあ、これが医学というわけですか？」

「うむ、まあそうだ。いったい君はこれを何だと思ったんだ？　さ、向こうへ行って、しばらく待っていたまえ！」

僕がベンチのところへ行ってまた腰をおろすと、待っていた連中の一人がにじりよってきて、「すごいな。君はあそこに二五分もいたんだぜ。ほかの連中は皆五分ずつなのに。」

「うん。」

「頭のおかしなふりをして精神科の医者をだます方法を教えてやろうか？」とその男が言った。「こうやって爪をほじくれば、それでいいんだぜ。」

「そんなら君こそそうやって爪をほじくればいいだろう。」

「いや、俺は陸軍に入りてえんだ。」

「精神科の医者をだましたけりゃね、それを言うに限るよ」と僕は言った。

しばらくすると、僕はまた別な精神科医に呼ばれてデスクの前に座らされた。さっきの医者は若くて無邪気な顔をしていたが、今度の医者は白髪頭で、なかなか威厳がある。見るからにこの方が一段格が上だ。だから今までの誤解も、これで解決できるだろうとは思ったものの、こんりんざい気を許すつもりはなかった。

今度の医者は僕の書類に目を通すと、にこやかな笑顔を作ってしゃべりはじめた。

「やあ、ディック。君は戦争中ロスアラモスで働いていたようだね。」

「はあ。」

「あそこは中学校のあったところだ。そうだろう？」

「そうです。」

「構内にたくさん建物があったかね？」

「二つ三つしかなかったようですね。」

平凡な質問三つ。例のテクニックだ。そしてやっぱり次の質問は全然調子が違った。

「君は頭の中で声がすると言ったそうだが、少し説明してくれないか。」

「まったくまれにしか起こらないんですがね。外国のアクセントでしゃべる人の話に注意を集中して聞いていたあとなど、眠りに落ちようとしているときにその声がはっきり聞えるんです。最初にこれを聞いたのはMITの学生だった頃で、ヴァラルタ老教授が「ディーア、ディーア、エレクトリック・フィールダ」というのがはっきり聞えたもんです。二度目は戦争中シカゴで、テラー教授が僕に原爆の原理を話してくれていたときのことです。こういう現象なら何でもたいへん興味があるんでいろいろ考えたんですが、どんなにまねようと思っても自分ではあのアクセントのまねはとうていうまくできない。それなのに何で頭の中ではあのアクセントが、あんなにはっきり聞えてくるんだろうと、不思議でしかたがなかったんですがね。こういうことは誰でも皆ときどき経験することじゃないんですか？」

精神科医は手を顔にもっていったが、その指の間からニヤリと笑ったのが見えた。

(しかも彼は僕の問には答えなかった。)

彼はまた書類の別のところに目を通して、「君は亡くなった奥さんと話をすると言ったそうだが、彼女に何と言うのかね？」

てめえの知ったことか！　まったくよけいなお世話だ。僕は腹が立ってきた。

「愛しているよって言うんですがね、それでよろしいですかね？」

しばらくこういう苦々しいやりとりをしたあげく、医者は「君はスーパーノーマルというものを信じるかね？」とたずねた。

「スーパーノーマルとは何のことですかね。聞いたこともないけど。」

「ええっ？　理学博士の君がスーパーノーマルを知らないのかね？」

「その通りです。」

「オリバー・ロッジ卿とその一派が信じていることだがね。」

こんなヒントはヒントとも言えないが、僕にはすぐピンときた。

「ああ、スーパーナチュラル（超自然）のことですか。」

「そう呼びたいなら、そうも呼べるだろうな。」

「けっこうです。じゃそう呼びましょう。」

「テレパシー（精神感応）は信じるかね？」

「いいえ。で先生はいかがです？」

「まあ、いつも心を広く持つことにしているがね。」

「え？　精神科医のあなたが心を広くとはね、へええ。」

といったようなやりとりがしばらく続いた。この訊問も終りに近づいた頃、今度は

「君は人生というものを、どれだけの価値のあるものとするかね？」

「六四。」

「なぜ六四と言ったのかね？」

「じゃ何ですか、人生の価値の計り方でもあるんですか？」

「いや、僕の言った意味は、たとえば七三という代りに何で君が六四と言ったのかということだ。」

「もし僕が七三と言ったって、そっちは同じ質問をするにきまっているでしょう！」

この医者もまた最後に当りさわりのない質問を三つした。前の医者がやったのとまったく同じやり方だ。書類をもらって僕は次の囲いに入っていった。

列に並んで待っている間、僕は今まで受けた検査の結果が、かいつまんで記入してある書類に目を通した。それから冗談ついでに、隣の男にこの紙を見せて、すっとぼけた声で「おい君、精神状態のところに何もらったかい？　ああ「N」か。僕もほかのものはみんな「N」なのに、精神状態だけは「D」だ。Dとは何のことだい？」ときいたが、「N」はノーマル(正常)、「D」は「欠陥あり」ということくらいちゃんと

承知していた。

その男は僕の肩をたたいて、「おい、何でもないよ。気にするなよ、たいした意味ないんだから。大丈夫だよ」と言ったが、あわてて反対側の隅っこの方に逃げてしまった。こいつはおかしい！　と思ってこわくなったものらしい。

僕は精神科医の書きこんだところを読みはじめたが、大変なことが書いてある。最初の医者は、

「人が自分のことを話していると思っている。

人がじろじろ見ると思っている。

催眠時(ヒプノゴジック)幻聴。

独り言を言う。

亡妻と話す。

母方の叔母、精神病院入院中。

非常に異常な凝視(これは僕が「これが医学というわけで？」ときいたときの目付に違いない。)」

二番目の精神科医は、そのなぐり書きの読みにくさかげんからみると、明らかに地位が上らしかった。彼のメモには「催眠時幻聴確認」(ヒプノゴジックとは眠りにおち

るときという意味である）とか、もっとテクニカルにきこえるようなことがたくさん書いてあったが、読んでいるうちに僕は、これはコトだ、何とか誤解をとかなくては……と思いはじめた。

身体検査が全部終わったところに、徴兵する、しないを決める係の陸軍将校がいた。たとえばもし聴力に欠陥があるとすると、それが軍隊に入れないほどひどいものかどうかを、この将校は一人で決めなくてはならないのだ。だが、もう人を集めるのに桶の底までさらうほど必死なのだから、ちょっとやそっとでは逃がすわけがない。まったくエンマさながらだ。僕の前にいた男など、脊椎骨がずれたか何かで、首の後ろに骨が二本突き出しているというのに、この将校はわざわざ席を立ってやってきて、本物かどうか触ってみるという疑り深さだった。

僕はここここそ誤解をとくべきところだと思ったから、僕の番が来るが早いか書類をその将校に渡して、さて説明しようと勢いこんだ。ところがこの男は目をあげようともせず、精神状態欄の「D」を見たとたん、不合格のハンコにさっと手をのばした。僕には何を聞こうともしない。物も言わず机から目もあげずに、僕の書類にポンと「不合格」のハンコをおすと、四－F（健康上兵役延期）と書いた書類を渡してよこした。

僕は外に出てスケネクテディに戻るバスに乗りこんだが、今日僕の身に起こったとんでもないできごとを考えているうちに、ゲラゲラ声をあげて笑い出してしまった。そしてはっとした。「こりゃいかん。あの精神科の医者どもが、今一人でゲラゲラ笑っている僕を見たら、それこそ気がふれた奴と思うだろうな。」

スケネクテディに帰りつくと、僕はさっそくハンス・ベーテのところに行った。彼はデスクで仕事をしていたが、僕の顔を見るなり冗談めいた声で、「それでディック、君合格したかい？」と聞いた。

僕は不景気な顔をして見せて、ゆっくり首を振った。

すると彼は僕の体に何かひどい病気でもみつかったのかと急に気がついて、心配になったらしく、「ディック、どこか悪いのか？」と心配そうにたずねた。

僕はおごそかに自分のおでこを指さしてみせた。

「まさか！」

「ほんとだよ。」

「まーさか！」と彼は叫んであんまり大声で笑ったので、ジェネラル・エレクトリックの屋根が落っこちるばかりだった。

この話はいろんな連中にして聞かせたが、わずかな例外を除いてはみんな笑いが止まらなかった。

ニューヨークに戻ると、おやじ、おふくろと妹がみんなして飛行場に出迎えていた。家に帰る途中の車の中で、僕はまたこの話をみんなにして聞かせた。話が終わるとおふくろが心配そうに、「さあ、どうしたもんでしょうね、メル？」とおやじに言った。

「ばかだな、ルシール。およそばかげたことじゃないか！」

これでこのことにはけりがついた、と僕は思ったのだが、妹があとで教えてくれたところによると、家についておやじとおふくろが二人きりになったとき、今度はおやじが、「ねえルシール、リチャードの前であんなことを言っちゃだめじゃないか。で、ほんとにいったいどうしたものかな？」

もうこのときにはおふくろはすっかり落着きをとり戻していたから、一言、「ばかね、メル！」と言ったのだそうだ。

僕の身体検査の話を聞いて笑わなかった人がもう一人いた。物理学会の晩餐会の席上だったが、僕のＭＩＴ時代のスレーター教授が「おい、ファインマン。例の徴兵の話を聞かしてくれよ」と言った。

僕はさっそく並いる物理学者相手に（その中で知っているのはスレーター教授だけだった）一部始終を話してきかせた。みんな初めから終りまでゲラゲラ笑い通しで聞いていたが、話が終わると一人の男が「しかしひょっとすると、精神科医にも何か考えがあったのかもしれないな」と言いだした。

僕は断固とした口調で、「あなたの職業は何ですかな？」とたずねた。考えてみれば間のぬけた質問だ。物理学会なんだから物理学者に決まっている。ただ物理学者がそんなことを言い出したので意外だったのだ。

するとこの男は「ええと……あのう……、実は僕はここに出席すべき人間じゃないんですが、物理学者の兄について来たんです。実は僕は精神科医です」と言うではないか。とすると僕はちゃんとこの男の正体を見破ったのだ！

しばらく日がたってみると、僕はいささか心配になってきた。戦争中ずっと原爆の仕事をする重要人物という理由で、徴兵延期になっていたはずのこの男が、今度は精神状態で「D（欠陥あり）」とみなされたのだ。結局彼は頭がおかしかったのか？　いやそんなはずはない。ただそのふりをしてわれわれをだましたのに違いない。彼をつかまえろ！　というようなことになりはしまいか。

どうもあまり良い気持ちのものではない。僕は何とかこの窮地からぬけだす方法を考えはじめた。何日か考えたあげく、僕は良い解決法を思いついた。そして徴兵局あてに次のような手紙を書くことにした。

拝啓
私は科学専攻の学生を教えておりますが、国家の将来はこのような未来の科学者たちの力にかかること大であると考えます。ですからこの理由により、自分は徴兵されるべきでないと確信します。しかしながら貴官らは、それよりも私に精神的欠陥があるという身体検査結果にもとづいて、徴兵延期を決定されるかもしれません。しかしながら私はこの身体検査の結果には、重大な誤りがあると考えておりますので、この報告は一切重視すべきではないと信じます。
私はこの結果を利用してまんまと兵役を避けようともしないイカれた奴なので、このあやまりをここに指摘する次第であります。

敬具

R・P・ファインマン

この手紙に対する返事は次の通りだった。
「四－F。健康上の理由による徴兵延期。」

4　コーネルからキャルテクへ

ブラジルの香りをこめて

お偉いプロフェッサー

僕という人間は「教える」ということを離れては、どうも生きてゆけそうにない。教えてさえいれば、万が一僕のアイデアが干上がって、ゆきづまってしまっても、「少なくとも僕は「生きている」。少なくとも何かを「やって」いるんだ。少しでも「役に立つ」ことをやっているんだ」と自分で自分に言ってきかせることができる。これは心の支えみたいなものだ。

一九四〇年代プリンストンにいたころ、高等学術研究所に来ていた偉大な頭脳の大家たちに起こったことを、僕はこの目で見ているのだ。特にその秀でた頭脳の故に世界中から選ばれてきたこの連中は、教えなくてはならない授業もなければ何の義務もなく、林の中のあのきれいな建物の中にゆったりと座っていられる機会を与えられた学者達だ。この連中——この気の毒な連中——は俗塵を離れ、一人きりでさぞかしものごとをはっきり考えられるだろうと人は思うかもしれない。ところがしばらく何のアイデアも浮かんでこないことだってある。やりたいことは何でもできる環境を与えられていながら、何もアイデアが浮かばない。そういうような場合には一種の罪悪感や、めいった気持ちが心の中にじわじわとしのびこんできて、アイデアが浮かばないということが、ひどく気になりはじめるものだ。いくら心配しても、ジタバタしても、それでもまだ何も起こりもしなければ、生れてもこないのだ。

なぜ生れてこないかというと、それは実際の活動やチャレンジが足りないからだ。実験をする人との接触もなく、学生たちの質問にどう答えようかと、考えることもない。だから何も生れてはこないのだ。

どんな思考の過程にも、すばらしい考えが浮かんできてすべてが着々と進んでいるときがあるものだが、そういうときには教えるということはその過程の妨げになるだけだから、いまいましいことこの上ない。だが一方、もっと長い間何も浮かんでこないときだってある。何も良い考えが浮かんでこないだけでなく、何もやっていないとすると、なおさらいらいらするものだ。しかも「僕は授業をやっている」とも言えないんだからつらい。

授業をもっている場合には、自分で良く知り尽している初歩的なことを考えることができるし、これがけっこう楽しいものだ。そしてこういう初歩的なことを改めて考え直してみるのだって、決して悪いことではない。この教え方を何とか改善できないものかとか、これに関連して何か新しい問題でもあるだろうか？　またそれについて新しい考え方が浮かんでこないかな？　などと考えることはいくらでもある。しかも初歩的なことを考えるのは、しごく楽だし、たとえ何も新しい考えが浮かんでこなくたって慌てることはない。以前考えたことだけでも授業にはちゃんと役に立つのだから大丈夫だ。その上何か新しいことでも考えつけば、その問題の新しい見方ができたことになってますます愉快だ。

また、学生の質問が新しい研究のきっかけになるというのはよくあることだ。自分でも以前に考えてはみたけれど、いったん解決をあきらめた形になっていたような深遠な問題を、学生はよく持ちだしてくる。そういった問題をもう一度考え直して、今ならもう一歩進めないものかどうかためしてみるのも決して悪いことではない。学生は僕が答をだしたいと思っているような問題をほんとうには見通しておらず、僕が考えたいと思っている微妙な点を理解して質問したわけではないかもしれない。それでもなおこういった問題の近くをつつくような質問をしてくれれば、こちらはそのことを「思い出せる」というものだ。こういうことを自分で自分に思い出させようったって、そう簡単にはいかないものである。

だから僕は学生たちを「教える」ということが、僕の生命をつないでくれるものだと思っている。誰かが僕に、授業をしないでいいという安楽な地位をわざわざ作り出してくれたとしても、僕は絶対にそんなものをありがたく受けようとは思わない。絶対にだ！

そういえば、実は一度ほんとうにそういう地位を提供されたことがある。戦争中まだロスアラモスにいたとき、ハンス・ベーテがコーネル大学に年俸三七〇〇ドルという職をみつけてくれたことがあった。もっと高給の職も他のところから来ていたが、僕はベーテが好きだから、金のことなんかどうでもよい、とにかくコーネルに行こうと決心した。だがいつも僕のことを親身になって心配してくれるベーテのことだから、他にもっと高給の誘いが来ているときいたとたん、コーネルに交渉してくれて、僕がまだその職につく前から、もう年俸四〇〇〇ドルに昇給させてしまった。

コーネルからの通知では、僕は物理学の数学的方法という講座を教えることになっており、一一月六日(と思ったが)に赴任するようにと指定してきた。その年の講義を始める日にしてはずいぶん遅いから、不思議な気がした。僕はロスアラモスからイサカ行きの汽車に乗ったが、車中ではずっとマンハッタン計画の最終報告を書き続けていた。今でもよく覚えているが、やっと講義の準備にとりかかったのはバッファローからイサカに向かう夜汽車の中だったと思う。

ここでロスアラモスでの切迫した雰囲気を想像してもらいたい。何でもかでもできるだけ早くやってしまわなくてはならない。みんなまるで追っかけられているみたいに必死で働いた。しかも何でもがぎりぎり最後の瞬間に完成するといった風だったから、講義の一日か二日前に準備を始めるなんてことは、僕にとっては朝めし前のことだったのだ。

それにしても物理学の数学的方法とは、まったく僕にとって理想的な課目だった。数学を物理に応用するという仕事は、僕が戦争中ずっとやってきたことだ。僕はほんとうに役に立つ方法はどれか、また役に立たないのはどれかということをよくよく知りぬいていたし、数学のテクニックを四年間も使って必死で働いてきたんだから、その頃にはもう経験だってうんと積んでいる。僕は数学上のいろいろな主題を書き出し、その扱い方をまとめていった。そのとき夜行列車の中で準備したノートは今でも持っている。

イサカで汽車を下りていつものように重いスーツケースを肩にかついで歩きはじめると、「タクシーはいりませんか?」と呼びかけた男がいる。

何しろまだ若かったし、金もなし、何でも自分でやる主義だったから、それまでタクシーなんかに乗りたいと思ったことはなかった。だがそのときは腹の中で「いよいよおれはプロフェッサーなんだぞ。少しは威厳をつけなくては」と思ったから、肩のスーツケースを手に持ち直して、「うん、頼む」と言った。

「で、どちらまで？」

「ホテルだ。」

「どのホテルですかな？」

「イサカのホテルのどれかだ。」

「予約はしてあるんですか？」

「ないよ。」

「それじゃ泊るところをみつけるのはなかなかむずかしいですよ。」

「それなら次々いろんなホテルに当ってみればいいだろう。交渉する間外で待っていてくれ。」

まずホテル・イサカに行ったが満員だった。次にトラベラーズホテルを当ったが全然部屋がない。僕はタクシーの運転手に「この調子じゃタクシーで乗りまわしても金がかかるばかりでしようがない。歩いて当っていくからもういいよ」と言った。それからスーツケースをトラベラーズホテルに預けると、また泊る部屋を探しに歩きまわりはじめた。このざまでは、新しいプロフェッサーとしての気構えのほどが知れてしまうというものだ。

僕のほかにもまだ部屋を探してほっつき歩いている男がいたので連れになった。いろいろ当っているうち、イサカでのホテル探しは全然見込みがなさそうなことがわかってきた。とにかく歩いているうちに坂にさしかかったので、登っていったらどうやら大学の近くにいるらしいのに気がついた。ひょいと見ると下宿か寮みたいな建物がある。段ベッドがあるのが開いた窓から見えている。その頃にはもう日はすっかり暮れて夜になっていたし、そこで寝かしてもらうしかない。何とか頼んでみようと思って入っていった。ところがドアは開いているというのに建物の中はからっぽだ。部屋の一つに入っていくと連れの男が、「おい。もういいことにしてここに寝ようや」と言う。だが何となく泥棒でもしているみたいで気持ちが悪い。誰かがちゃんとベッドを作ったからには、きっと帰ってくるだろう。そして僕らの寝ているのをみつけたら、めんどうなことになりかねない。

しかたなく外に出てまた少し行くと、秋だから街灯の下に落葉を掃き集めて大きな山ができている。そこで僕は「おい、この落葉の中で眠れるぞ」と言ってためしてみたら、なかなかやわらかい。僕はもう歩きまわるのにほとほと嫌気がさしていたし、この落葉の山が街灯の真下にさえなかったら、文句はないところだったのだが、やっぱり来たばかりのところでたちまち変てこなトラブルを起こしたくない。それでなくても来る前、ロスアラモスでドラムなどたたいているとき、よく連中に、コーネルじゃどんな「プロフェッサー」を雇ったか知らぬが仏だ、などと言ってからかわれた。みんな僕がきっと何かばかげたことをしでかして、たちまち評判になるだろうと信じて疑わないのだ。だから僕としても、少しは心して威厳を保たなくてはならないと思っていた矢先のことだ。僕はしぶしぶ落葉の山の中で眠るのはあきらめた。

二人でまたしばらく学内をうろうろ歩きまわっているうち、大きくてどっしりした建物のところにさしかかった。中に入っていくとロビーにソファが二つおいてある。連れの男は「僕はここで寝るよ」と言うが早いか、ソファの一つに倒れこんでしまった。

それでもまだ僕は何となく気がとがめる。地下室まで行くと掃除夫がいたので、ソファに寝てもいいかどうか聞いてみると、「ああいいよ」と言ってくれた。

さて翌朝目をさまし、まず朝飯を食うところをみつけて腹ごしらえをした僕は、自分の最初の講義はどの教室であるのか、あたふたと探しはじめた。物理学科に駆けこんで、「僕の一時間目の授業はどの教室です？　それとも間に合わなかったかな？」

ら。」

と叫ぶと、そこにいた男が「心配するな。まだ授業が始まるまで八日もあるんだか

これには驚いた！　だからまず開口一番、「じゃ何で一週間も前に来いと言ってよこしたんです？」とたずねた。するとこの男は平然として「少し早目に来て授業の始まる前に下宿でも探して落ちついたり、まわりのものに馴じんだりした方がよかろうと思ったのさ。」

僕はついに文明に復帰したのだ！　切迫したペースのロスアラモスにいるうち、僕は文明がどんなものだかすっかり忘れてしまっていたのだった。

ギブス教授は学生会館に行って住む所をみつけるようにと教えてくれた。学生会館はでかい建物で、学生がぞろぞろと歩きまわっている。「住居係」と書かれたデスクのところに行って「僕は新しく来たんだが、借りられる部屋はないかね？」とたずねてみた。

すると係の男は「ねえ君。イサカで住む所をみつけるのは至難のわざだよ。嘘かと思うかもしれないが、きのうの夜なんかプロフェッサーまでロビーのソファに寝たくらいなんだからね。」

ぐるりを見まわすとここはゆうべのあのロビーだ。僕は向き直って「実はそのプロ

フェッサーってのは僕のことだよ。とにかくその僕ももうソファでは寝たくないんでね」と言った。

新米プロフェッサーとしてコーネル大学に赴任した当時は、なかなか傑作なこともあった。着いて二、三日した頃ギブス教授が僕のオフィスに入ってきた。学期が始まってからずいぶん時が経っている場合は、普通ならもう学生は受けつけないのだが、特に優秀な学生であれば例外として特別に考慮することもあると説明してくれたあげく、一通の入学申込書を僕に渡して出ていった。目を通しておくようにというのだ。しばらくすると教授はまた戻ってきて「どう思うかね？」と聞いた。

「この学生は第一級だし、受けつけるべきでしょう。こんな優秀な学生が来てくれれば大学としてもありがたいと思いますね。」

「うん。だが君、その候補者の写真をみたかね？」

「写真とこれといったい何の関係があるって言うんですか？」と僕は叫んだ。

「全然ないよ。それを聞いて非常に嬉しいね。新しいプロフェッサーがどんな人間だか見たかったんだ。」

ギブス教授は僕が「この人は学部長だし僕は新米だ。口をつつしんだ方がいい」などと思いもせず、率直に言い返したのが気に入ったらしい。しかし僕はそんなにすばしこく気がまわるような人間ではない。僕の反応は直感的で、まず第一にパッと心に浮かんできたことをそのまま言ってしまうのだ。

そのうちまた別な男が哲学の話をしたいと言って僕のオフィスに入ってきた。何を言ったのかはよく思い出せないが、とにかく教授連が作っているクラブに勧誘に来たのらしい。そのクラブというのが反ユダヤ系クラブで、ナチはそんな悪者ではなかったという意向のものらしい。彼は僕に向かってこれこれの分野でユダヤ人があまりにものさばりすぎているとか何とか、全然ばかげた話をきかせようとした。僕は彼が話しおえるのを待って、「君はとんだ人違いをしているんじゃないか？　僕はユダヤ系の家庭に育っているんだが……」と言うと、彼はあわてて逃げるように出ていった。コーネル大学の人文科学その他の一部の教授連に対する尊敬の念を失いはじめたのは、そのときがはじまりだ。

妻が亡くなってから僕はまた女の子とのつきあいを改めて始めたいと思っていた。あの頃はずいぶんと社交ダンスがはやっていて、コーネルでも一年生だの再入学の連中だのを引き合わせるためのダンスパーティがしょっちゅうあった。

僕はいまだにコーネルではじめてのダンスパーティのことをよく覚えているが、何しろロスアラモスでの三、四年というもの全然ダンスのダの字もやっていなかったし、社交の場なんてものからも遠ざかっていたのだから、とにかくベストを尽して踊った。まああの踊りぶりだったと思う。踊っている相手がこっちのダンスぶりを快く感じているときは、だいたいそれがこっちにも伝わってくるものだ。

踊っている間にパートナーの女の子と、ちょっとした会話を交わす。たいてい彼女が僕のことを何かたずね、今度は僕が彼女について質問するという具合だったが、一度踊った女の子ともう一度踊りたいと思うと、どうもわざわざ探さなくてはみつからない。やっとみつけて、

「もう一度踊りませんか?」

「あら、残念ですけど、ちょっと空気を吸いに行ってきますわ。」「ちょっと化粧室に行かなくちゃ」とか何とか二、三人の女の子から続けざまに言い訳を聞かされた。とすると僕はどこかおかしいんじゃないか? それともダンスがまずいのか、人柄がなっていないのか?

しかたなしに別の女の子と踊っているとまたあいかわらずの質問だ。「あなたは学生? それとも大学院生?」(そのころは軍隊から帰ってきた学生が大勢いたから、かなり老けてみえる連中が多かったのだ。)

「いや、僕は教授だよ。」

「あら、何の教授なの？」

「理論物理さ。」

「じゃあきっと原爆の仕事なさったんでしょうね。」

「ああ、戦争中はロスアラモスにいたんだ。」

すると彼女は「まあ、大嘘つきね、あなたは！」と叫ぶとプイと行ってしまった。

このおかげで僕はずいぶん気が楽になった。今までのことがすっかりこれで説明がついたからだ。僕はお人好しにもどの女の子にもばか正直にほんとうのことを言っていたのだ。そうしては何でモテないのかわからず悩んでいたのだが、これでわかった。女の子のどれにもこれにも嫌われたのは、僕が礼儀正しく自然にふるまううえ、質問にまでちゃんとばか正直に答えたからだ。すべてがスムースに快くいっているなと思っていると、いつのまにかふっとうまくいかなくなる。さいわいこの女の子が僕のことを大嘘つき呼ばわりしてくれて、はじめてそのわけに気がついたのだった。

それからというものは、ぬらりくらりとなるべく質問を避けるようにしてみたら、驚くなかれ結果は逆になった。

「あなた一年生？」

「うーん、違うよ。」

「じゃ大学院生なの？」

「うんにゃ。」

「じゃいったい何なのよ？」

「言いたくないね。」

「なぜ言ってくれないの？」

「言いたくないからさ」とやっていると、相手は僕に一所懸命に話しかけてくるのだ。

　とうとう僕はしまいに女の子を二人も家に連れて帰るありさまで、しかもそのうちの一人など、「一年生だからってそんなにきまり悪がることないわ。ほかにだって年のいった人が大勢大学に入り直してるんだから、ちっともおかしくなんかないのよ」と言って慰めてくれるしまつだ。今思い出すと二年生だったあの二人はすっかり母性的な気持ちをそそられたものらしく、しきりと僕の気持ちをほぐそうとつとめてくれた。だがあんまり誤解されて始末におえなくなるとまずい。だからとうとう実は教授だと打ち明けたところ、彼女たちは僕がだましたといってプンプン怒ってしまった。いやはやまったくコーネルで若い教授をつとめるのは楽じゃなかった。

　それはともかく、僕はいよいよ物理学の数学的方法の講座をはじめた。その他にもたしか電気と磁気という講座もうけもったように思う。そのうえ僕は研究もするつもりだった。終戦前、博士号をとるための研究をしていたときは、ずいぶんいろいろなアイデアが浮かんできたもので、径路積分で量子力学をやる新しい方法を発明したのもその頃だったし、まだまだやりたいことがたくさんあった。

コーネルでは、まず講義の準備をしては図書館で『アラビアンナイト』を初めから終りまで全巻読み、そばを通る女の子を眺めるという生活をしていたが、いざ研究をするとなると、これがなかなか手につかない。僕はいささかくたびれていたし、何となく興味がわかず、どうしても研究が始められないのだ。僕の感じでは、こういう状態が二、三年も続いたような気がするが、今思い出して計算してみるとそんなに長い間のはずはない。今ならそんなに長いと感じないのかもしれないが、少なくとも当時は実に長い感じがしたのだ。とにかくどんなにがんばっても、どうしても研究に手がつかない。しかも一つの問題だけでなく、どんな主題でもだめなのだ。ガンマ線の何かのトピックについて二行か三行書きはじめてはみたが、どうしてもその先が続かなかったのを今でもよく覚えている。僕はてっきり戦争やその他のさまざまな事件(妻の死)のおかげで、すっかり精魂つき果ててしまったんだと思いこんだ。

今考えてみると何でそうなったのかがずっとよくわかる。第一若い頃は良い講義を、それもはじめて準備するのにどれだけ時間がかかるものかということに気がついていない。準備だけではない、実際に講義をし、試験問題を作り、それが理にかなった問題かどうかをチェックするのだから時間をくうのも当り前だ。僕は充分に考えぬいて講義一つ一つを準備していくという、実際に「実のある」講座を教えていた。ところがそれが大変な仕事だということには気がついていなかったのだ。だから力を使い尽した僕は、自信を喪失して『アラビアンナイト』を読んでは、うつうつと日を過していたわけだ。

この間にも大学や実業界のいろいろな方面から、コーネルよりずっと高給の誘いがかかってきていた。こうして招きを受けるたび、僕はますます憂鬱になっていった。「見ろ、僕がもう精魂尽きてることも知らずに、方々からこんなに良い職を勧めてくれている。むろん絶対にひきうけるわけにはいかない。みんな僕が何かすごいことをやり遂げるだろうと期待しているというのに、僕は何もできないんだ。もうアイデアなんかすっかり涸れてしまった。」

そのうちついに高等学術研究所から誘いが来た。アインシュタイン、……、フォン・ノイマン、……ワイル……どれもこれも皆大頭脳ばっかりだ。その彼らが僕に手紙をくれて、そこで教授になってくれと言ってきているのだ！　それもただの教授ではない。どういうわけか彼らは僕が研究所に対して抱いている気持ち——つまりあまりにも理論にかたよりすぎて、実際の活動やチャレンジがないという——を知っていて「貴君が実験と教育ということに多大な興味をもっていることはよくわかっている。貴君さえよければ特別な教授職を新しく作って、半分はプリンストンで教授をつとめ、研究所で半分働いてくれるように取り計らってある」という手紙をよこしたのだ。

高等学術研究所！　僕のためにわざわざ作られた地位！　それもアインシュタインよりいいくらいの地位だ。まったく理想的で完璧で、まさにとんでもない話だ。

事実とんでもない話だった。他の勧誘は、何か成果をあげるだろうと期待をもたれるだけに少し憂鬱になる程度だったが、今度のこの話はあんまりとてつもなさすぎて、そんな度外れた期待には逆立ちしたって応えられるものではない。あまりにもけた外れな話だ。ほかの話は、ただのまちがいだと思えばよかったが、これは常識外れのめちゃくちゃだ。僕はひげをそりながら思わず笑ってしまった。

それから僕は自分で自分に言いきかせた。「おい、あの連中が考えてるお前とは、あんまりけた外れで、とうていそんな期待通りのことができるわけがない。そんな期待に近づこうと努力する責任なんて何もありゃしないんだぞ！」

それはまったくすばらしい発見だった。いくら人が僕はこういう成果をあげるべきだと思いこんでいたって、その期待を裏切るまいと努力する責任などこっちにはいっさいないのだ。そう期待するのは向こうの勝手であって、僕のせいではない。

　高等学術研究所が僕という男をそれほど買いかぶったって、それは僕の罪ではない。そんな期待に沿うなど、どだい無理な話だ。明らかにまちがいだ。向こうがまちがっていることだってありうるのだと思いついたとたんに、僕はこの考えがそっくりそのまま、職の話を持ちかけてきたほかのところにも当てはまるのに気がついた。今勤めているこの大学ですら然りだ。自分は自分以外の何者でもない。他の連中が僕をすばらしいと考えて金をくれようとしたって、それは向こうの不運というものだ。

　そしてその日のうちに不思議な奇蹟からか、それとも僕がそんな話をしているのを聞いたのか、僕という男をよく理解してくれたからか、とにかくコーネルの研究室の大ボス、ボブ・ウィルソンが僕をオフィスに呼び入れた。彼はくそまじめな調子で、「なあ、ファインマン。君は非常に良い授業をしているようでわれわれはたいへん満足している。これ以上こっちで何か期待するとしても、それはもう運というもんだ。教授を雇うときには大学側は大ばくちを打つようなもので、もし結果がよければよし、悪ければどうにもしかたがない。だから君の方は自分のやっていること、やっていないことについてくよくよする必要はぜんぜんないんだぞ」というようなことを言ってくれた。きっともっと良い言い方をしたのだろうが、とにかくこれで僕も嫌な罪悪感から解放されて、実にすっきりした。

僕はまた他のことも考えはじめた。前にはあんなに物理をやるのが楽しかったというのに、今はいささか食傷気味だ。なぜ昔は楽しめたのだろう? そうだ、以前は僕は物理で遊んだのだった。いつもやりたいと思ったことをやったまでで、それが核物理の発展のために重要であろうがなかろうが、そんなことは知ったことではなかった。ただ僕が面白く遊べるかどうかが決め手だったのだ。高校時代など、蛇口から出る水がだんだん先細りになっていくのを見て、そのカーブが何によって決まるのかを考え出すことができるかなと思ったことがある。これをやるのは簡単だった。僕が別にそれをやらなくたって痛くも痒くもない。もう誰かがとうにやってしまったことだし、別に科学の未来に役立つことでも何でもないが、そんなことはどうでもよかった。僕はただ自分で楽しむためにいろんなことを発明したり、いろいろ作ったりして遊んだだけの話だ。

というわけで、僕はここに至って新しい悟りみたいなものを開いた。僕はもう燃えつきたローソクみたいなものだから、もう決してたいした成果もあげられないだろう。僕はこの大学で楽しみながら授業をする結構な地位にある。これからはそれこそ娯楽のために、『アラビアンナイト』を読む調子で気の向いたときにその価値なんぞぜんぜん考えずに、ただ物理で遊ぶことにしよう。

それから一週間もたたないうちに、僕がカフェテリアにいると、一人の男がふざけて皿を投げあげている。皿は上昇しながらぐらぐら横揺れしていた。そして皿についているコーネルの赤い記章がぐるぐる回るのが見えた。どうも見たところこの記章の回る速度は明らかに皿がぐらぐらするのより速い。

僕は他に何もすることがなかったから、まわっている皿の運動を計算しはじめた。角度が非常に少ないときは、記章の回転速度は横揺れの速さの二倍、つまり二対一の速さだ。ただし、この答はたいへん複雑な方程式から出したものだ。それから僕はさらに「これが何で二対一なのかを見るのに、「力」とか「力学」とかの点から考えれば、もっと基本的な見方ができるのではないか?」と考えた。

どうやって出したのかは思い出せないが、僕はいろいろやってみた末に、皿をつくっている質点の運動をみんな計算し、それらの加速度のバランスから二対一が出ることを発見した。

今でも覚えているが、ハンス・ベーテのところに行って「おいハンス、面白いことに気がついたぞ。皿がこういう風に回るだろう?　それでこれが二対一だという理由はだ……」とばかり僕は彼に加速の計算をして見せた。するとハンスは「なかなか面白いじゃないか。だがそれは何の役に立つんだね？何のためにそんな計算をやったんだい？」ときいた。

「なに別に何の役にも立たないよ。面白いからやってるだけさ。」僕は物理学を楽しむだけのために好きなことをやるんだと決心していたから、このときのベーテの反応はちっとも気にならなかった。

僕は引き続き横揺れの方程式も作り出したあげく、相対性理論では電子の軌道がどのようにして動きはじめるのかを考えた。電気力学にはディラック方程式があり、量子電気力学があるではないか。こうして僕は自分でも気がつかないうちに(あっという間だった)、ロスアラモスに行くため中止した、あの僕のお気に入りの問題を相手に「遊び(遊びというよりほんとうは仕事だったが)」はじめていたのだった。それは僕の卒論に似たタイプの、あの旧式ですばらしい問題ばかりだった。

こうなると努力なんぞというものはぜんぜん要らなかった。こういうものを相手に遊ぶのは実に楽なのだ。びんのコルク栓でも抜いたようなもので、すべてがすらすらと流れ出しはじめた。この流れを止められるものなら止めてみよと思ったぐらいだ。そのときは何の重要性もなかったことだが、結果としては非常に大切なことを僕はやっていたのだ。後でノーベル賞をもらうもとになったダイアグラム（ファインマン・ダイアグラム）も何もかも、僕がぐらぐらする皿を見て遊び半分にやりはじめた計算がそもそもの発端だったのである。

エニ・クウェスチョンズ？

コーネル大学時代、バッファローにある航空研究所で週一度ずつの連続講義をしてくれと頼まれたことがある。この研究所とコーネル大学との間には契約があって、その一環として誰かが大学の方から出張講義をすることになっていたのだ。もうすでに誰かほかの男が講義をしていたのだが、あまり評判がよろしくない。だから物理学科は僕にこの話をもちこんできたわけだ。僕はまだ若い新米教授だったから、むげにいやと言うわけにもいかず、つい引き受けてしまった。

さてバッファローには、ロビンソン航空(今のモホーク航空)という会社の小さな飛行機に乗っていけといわれたが、航空会社といったって、飛行機がたった一機だけの会社だった。はじめてバッファローに飛んだときなど、社長のロビンソン氏がパイロットで、まず翼から氷を払い落としてからバッファローに向けて飛びたつというようなものだ。

毎週木曜の晩バッファローまで出かけていかなくてはならないのは、どう考えてもいただけないが、何しろ大学では実費の他に三五ドルもくれることになっている。不景気時代に育った僕にとってみれば、そのころの三五ドルは大金だったから貯金でもしようと思っていた。

ところが急にもっと良い考えが浮かんできた。この三五ドルの目的は、バッファロー行きを少しでも魅力的にするためにあるんだから、その目的に沿うためにこの金を使うことだ。そう思った僕は、それからバッファローに行くたびにこの金を娯楽のために使って、バッファロー行きを何とか楽しくしてみようと思いたった。

ところが僕は世間のことにまったくうといときている。楽しもうにもどこから始めていいかさっぱりわからなかったから、飛行場から乗ったタクシーの運転手に、バッファローの案内を頼み、大いに楽しむためのコツを授けてもらうことにした。マーキューソという名前と、一六九号車を運転していたことまでいまだに覚えているが、この運転手がなかなか親切な男だった。それからというもの毎週木曜の夜バッファローに着くと、いつもこの男を名指しすることになった。

僕の最初の講義の夜、僕はマーキューソに「何か景気のいい、面白そうなバーはどこかにないかい？」ときいた。面白いことの起こるのはバーに限ると思いこんでいたのだ。

「まずアリバイ・ルームだね」と彼は言下に言った。「あそこなら活気もあるし、いろんな人間に会えますよ。講義がすんだらお連れしましょう。」

講義のあとマーキューソはさっそくそのアリバイ・ルームなるところに連れていってくれたが、その途中僕は「なあ、マーキューソ。そこへ行ったらまず何か飲む物を注文しなくちゃならんだろう？　君、良いウィスキーの名を知らないか？」と聞いてみた。

「ブラック・アンド・ホワイトを頼むに限るね。水を別につけてね」と彼は忠告してくれた。

このアリバイ・ルームというのがなかなか優雅なところで、いっぱいの人で活気に溢れていた。女は毛皮なんぞまとっているが、みんな愛想がよい。しかも電話がひっきりなしに鳴っている。

僕はバーのところへ行って、ブラック・アンド・ホワイトで水を別につけてくれと注文した。バーテンダーも愛想の良い男で、すぐすごい美人を探してきて僕のそばに座らせてくれ、紹介までしてくれた。僕は彼女にカクテルをおごったが、すっかりこのバーが気に入ったから、来週もまた来ようと心に決めた。

それからというものは、毎週木曜日の夜バッファローに着くや、一六九号車で講義の場所に送ってもらい、その後はまたその車でアリバイ・ルームにのりこむということになった。そしてアリバイ・ルームにつくとバーに行っては、ブラック・アンド・ホワイトに水をつけたのを注文する。何週間かこれを続けたら、僕の顔が見えたとたん、バーに着くまでにもうブラック・アンド・ホワイトと水がちゃんと用意されて僕を待っているようになった。バーテンダーの挨拶もいつのまにか、「いつものを用意しておきました」ということになっていた。

僕はタフガイらしく見せようとばかり、このウィスキーを映画のシーンでよく見るあのやり方でぐいと一口であおり、二〇秒ほどがまんして、おもむろに水をがぶりとやる。そのうち水なんか飲まなくても平気になった。

バーテンダーは僕の横の席には必ず、すぐ美人が来て座るように絶えず気を配っていてくれる。はじめのうちは何もかもうまく行っているようなのに、バーが閉まるころになると、どの女の子もみんな用ができてどこかへ消えてしまう。看板になるころにはこっちもいいかげん酔っぱらってしまうせいかと僕は思っていた。

ある夜アリバイ・ルームが閉まる時間になったら、飲みものをおごってやっていた女の子が、知った人のたくさんいる別な場所があるけどそこへ行かない？と誘ってくれた。その場所というのがバーなど全然あるようにも見えない建物の二階だった。バッファローでは、バーはみな午前二時に閉めなくてはならないことになっている。だから二時になるとみんなこの二階の大きな広間に吸いこまれていって、むろん違法だがあいかわらず飲み続ける、という寸法だ。

僕は何とか酔っぱらってしまわずに、バーで何ごとが起こっているのか見きわめる方法はあるまいかと考えていた。ところがある晩、常連の一人がバーにいってミルクを注文したのを見た。この哀れな男が胃潰瘍だということはみんな知っていた。僕はこれを見て良いことを思いついた。

そして次の機会にアリバイ・ルームで「いつものにしますか?」とバーテンダーに聞かれたとき、僕は「いや、コカコーラだ。ただのコカコーラを頼む」といかにもつまらなそうな顔を作って言ってみた。

すると他の連中はたちまち僕をとりかこんで同情しはじめた。「そうだ、俺も三週間前に禁酒してよ……」と一人が言うと、「つらいなあ、ディック。まったくつらい話よ」と他の奴が慰めた。

意外にも無理強いしようとするものは一人もいない。今や酒を干されたというのに、その僕がそれでもバーのみんなに会いたいあまり、酒の誘惑を押し切ってまでバーに現われたというので感激したものらしい。こうしてコカコーラを一カ月も押し通したんだから、僕もなかなか強情な男だ。

ある晩、バーの便所に入ったら中に酔っぱらいがいて、すごんだ声で「てめえの面が気にくわねえ。一つへこましてやるか」とからんできた。

僕はおそろしさのあまり真っ青になったが、負けずにドスを利かした声で「どけどけ！　どかなきゃ小便で穴あけてやるぞ！」と言った。

相手は何か言い返したが、そのころにはもう本式の喧嘩になりかかっていた。僕はなぐり合いの喧嘩なんかやったことがないから、どうすればいいものか見当もつかない。とにかく痛い目に会うのはごめんだ。見当はつかなかったが頭だけはちゃんと使って壁から離れた。もしぶんなぐられたら、頭の後ろもぶつけることになると思ったからだ。

と、僕の目がガリッと変な感じになった。たいして痛くはなかったが、次の瞬間、僕は反射的にその野郎をぶんなぐり返していた。頭を使わなくても僕の手足の方が次の行動をちゃんと心得ていたとは、思いがけない発見だった。

「よし、これでおあいこだ。まだやるか？」と僕がすごむと、相手の奴は後ずさりして出ていってしまった。そのときそいつが僕みたいに、間抜けの向こう見ずだったら、二人とも本気で殺し合っていたかもしれない。

さて顔を洗いにいくと、手はブルブル震えているし、歯ぐきからは血が出ている。(僕は生れつき歯ぐきに弱いところがあるのだ。) 目もヒリヒリ痛い。少し気持ちがおさまったところで僕はまたのっしのっしとバーに戻り、肩をいからせてバーテンダーに「ブラック・アンド・ホワイト。水をつけてな」と注文した。ウィスキーでも飲めば神経が静まるかと思ったのだ。

そのときは気がつかなかったが、バーの向こうに僕がさっき便所でなぐった男がいて、三人の連れと何か話していたらしい。しばらくするとこの三人が僕のところにやってきて、のしかかるように座った。三人とも見るからに大男で凄味のきいた連中だ。これが僕を脅かすように見下ろして、

「おい、何だって俺たちの相棒をいじめたんだ?」

僕は間抜けだから脅迫されているのだとはつゆ知らず、まず頭に来たのはどっちが道理にかなっているかということだけだ。僕はぱっと振り向きざま、「おい。俺にからむ前に喧嘩を売ったのはどっちだか、それをはっきりしたらどうだ!」とかみついた。

このごろつきども、脅しが効かなかったのがあんまり思いがけなかったもんだから、

すごすごと引き下がった。

しばらくすると、また連中の一人が戻ってきて僕に話しかけてきた。「お前の言う通りだよ。カーリーの奴、いつも喧嘩吹っかけちゃあ、俺たちに尻ぬぐいさせやがるんだからな。」

「あったりめえよ！　こっちの筋が通ってるに決まってらあ」と僕が答えると、この男は僕の隣りに腰を下ろした。

と、カーリーとあとの二人もやってきて僕のそばに席を二つあけて腰かけた。カーリーは、僕の目があんまり見られたものじゃないとか何とか言ったから、お互いさまだ、そっちもあんまり顔色が良くないぜ、と言い返してやった。

僕は男一匹バーでは弱みを見せるものじゃないと思っているから、一所懸命タフな口調でしゃべりつづけた。

風向きはいよいよ険悪になってきた。バーの連中はみんな、何事が起こるかと心配しはじめ、バーテンダーも「だんな方、ここで喧嘩は困りますぜ。まあお互いに落ちついて、落ちついて」と言いだした。

カーリーは「大丈夫だよ。あいつが外に出たらやっつけるんだから」と、押し殺したような声で言った。

と、そこへこの道の天才が現われた。何の分野にも必ずこういうベテランがいるものだ。この男は僕のところにやってくると、「やあ、ダンじゃないか！　君がこのあたりに来ているとは知らなかったよ。しばらくだなあ」と話しかけてきた。それから今度はカーリーの方を向くと「おう、ポール！　こっちは僕の親友のダンだ。きっと気が合うと思うね。握手しろよ。」そこでカーリーと僕とは握手を交わすと、カーリーは「ううむ。えーと。はじめまして」とうなった。するとそのベテランは僕の方に顔をよせて低い声で、「さ、早く。早く外へ出るんだ！」とささやいた。

「だが外へ出たらあの連中が……」

「とにかくさっさと消えろよ！」

僕はコートをとると、さっと外に出た。奴らが後をつけてくる場合を考えて、なるべく壁の近くを歩いたが、ホテルに着くまで結局誰も追っかけてこなかった。たまたまその夜で僕の講義は終りだったから、それから少なくとも二、三年はアリバイ・ルームに行く機会がなかった。

（一〇年くらいたってからアリバイ・ルームを訪ねて行ってみたが、前とはすっかり様子が変ってしまっていた。昔みたいに小枠な雰囲気はなく、安っぽくなって中にいる客も何となく見すぼらしい。バーテンダーも変っていた。僕がこのバーテンダーに昔のことを話してみたら、「ああ、そうそう」と彼はあいづちを打った。「ここは昔、競馬の胴元とその女たちが常連のバーだったんですよ。」道理で見たとこ粋で愛想のいい連中がたくさんいて、電話がひっきりなしに鳴っていたわけだ。）

翌朝起きだして鏡をのぞいたら、ぶんなぐられた目というものは、完全に青黒く腫れあがるまでに数時間かかるものだということがわかった。その日イサカに戻って、学部長の部屋に物を届けにいったら、哲学の教授が僕の腫れあがった目を見つけて、

「おやおやファインマン君。ドアにぶつかったか何かしたのかね？」

「いやなに、バッファローのバーの便所でやった喧嘩の名残りですよ。」

「ハハハハ」と彼は大笑いした。

困ったことにそれから授業をやらなくてはならない。僕はうつむいてノートを読むふりをしながら教室に入っていったが、いよいよ講義を始めるとき、顔をあげて学生どもをまっすぐ見据えた。そしていつも講義をはじめる前に言う文句を、今日は特にドスの利いた声で言ったものである。「エニ・クウェスチョンズ？（何か質問でもあるかね？）」

一ドルよこせ

コーネル大学時代、僕はよく故郷のファーロッカウェイのわが家に帰省した。あるとき家に帰っていると電話がかかってきた。それもはるばるカリフォルニアからの長、、、距離電話だ。その頃長距離電話といえば、何かよっぽど大事なことに決まっていたし、それも百万マイルも離れた感じの、あの憧れの地カリフォルニアからかかってきたとなれば、ますます特別だ。

電話の主は「もしもし、コーネル大学のファインマン教授ですか?」と言う。

「ええ、そうですが。」

「こちらは○○航空会社の○○という者ですが。」カリフォルニアの大航空機会社の一つだが、残念ながらどっちだったか思い出せない。その男は続けて、「弊社では原子力推進ロケット機の研究所を目下計画中ですが、予算は年○百万ドルで……」と莫大な数字を並べはじめた。

「ちょっと待ってください。なぜ僕なんかにそんな話をなさるんですか？」と僕が言いかけると、

「まあしまいまで聞いてください。私のやり方で話をさせていただきたい」とばかり、何々レベルには何人、何々レベルには何人と、その研究室に働く人間の人数をあげ、そのレベルには博士が何人……と数えあげはじめた。

「失礼ですが、人違いではありませんか？」

「そちらはリチャード・ファインマン先生でしょう？　リチャード・P・ファインマン先生ですね？」

「はあ、そうですがね。でもとんだまちがいを……」

「お願いですからこちらの言いたいことをまず言わせていただけませんか？　それから話し合いをさせていただきましょう。」

「じゃどうぞ」と僕はあきらめて座りこみ、目を半分つぶってこの長談義を聞くことにした。何やら大計画の詳しい説明がとうとうと続くが、それにしても何でこの男が僕にこういうことをわざわざ聞かせるのか、さっぱりわからない。

やっと話しおえると彼は、「こういう話をお聞かせしたのは他でもない、先生がこの研究所の所長として来てくださるお気持ちがあるかどうか、ご意向をうかがいたい

からです」ときた。

「ほんとうに人違いじゃないでしょうかね」と僕は言った。「僕は理論物理の教授で、ロケット技師でも航空技師でも何でもない人間ですがね。」

「たしかに人違いではありません。」

「じゃ僕の名前なんぞ、いったいどこでみつけたんですか？　第一何で僕なんぞに電話をかけようと決められたんですかね？」

「でも先生、先生のお名前は原子力ロケット推進飛行機の特許に載っておりますよ。」

「ああ、あれか。」いったい何で僕の名前がその特許についているのか、僕はやっと思いだした。これをまず説明しよう。とにかく僕は、電話の男に「残念ですが僕はコーネル大学の教授をやめる気はありませんから、その話はお断わりします」と言った。

さてその特許のことだが、戦争中ロスアラモスに、スミス大尉という名のとても人の良い男がいた。彼は政府の特許局の係だったが、あるときみんなに次のようなメモをまわした。

「現在米国政府の研究員として働いている諸君が、国のために考えだしたアイデアは、すべて当局で特許をとるものとしたい。諸君が周知のことだと考えている核エネルギーやその応用に関する思いつきは、決して周知のものではない。とにかくそういったアイデアはすべて当事務所に報告されたい」というものだ。

僕はこのスミスと昼食のとき顔を合わせて技術部にいっしょに戻っていきながら「例のメモだがね、僕たちの思いつきをいちいち全部知らせるなんて少し無茶な話じゃないか」と言った。

そして二人でああだこうだとこれについて議論を交わしているうち、いつのまにか彼のオフィスの中まで来てしまった。僕が「核エネルギーに関して誰でも知っているようなアイデアなんか掃いて捨てるほどあるんだから、もしいちいちそれを君に話してなんかいたら、この部屋に一日中いたって足りないくらいだよ」と言うと、スミスは「じゃあ例えばどんなアイデアだい？」と言いだした。

「何でもないよ。まず原子炉だろう？……これを水中におく……水が入る……蒸気が反対側から出ていく……シュッシュッシュッシューと、これは潜水艦だ。または原子炉がある……空気が前からザァッと入ってくる……核反応でこれが暖まり……後ろから出てゆく……ブーンと空気の中を飛ぶ、つまり飛行機だよ。或いはまた原子炉がある……これに水素を通す……ドカーンとロケットさ。更にまた原子炉がある……効率をあげるため普通のウランの代りに酸化ベリリウムといっしょに濃縮したウランを高温で使う……と発電所になる。とにかくアイデアはごまんとあるよ」と僕は部屋を出ていきながら言った。

それからはしばらく何ごとも起こらなかった。

ところが三カ月ぐらいたったころ、スミスは僕を部屋に呼びこむと、「ファインマン君。潜水艦はもう誰かにとられたが、あとの三つは君のもんだよ」と言った。だから例の航空機会社の連中が、ロケット推進の何とかの権威は誰かを知りたいと思えば、何のことはない、誰が特許を取っているかを調べればそれでよかったわけだ。

とにかくスミスは、あのとき僕が並べた三つの思いつきを政府の特許にするという書類に署名しろと言った。それについては、何かおよそくだらない法律上の手続きがからんでいて、これが交換条件でなければ、いくら署名しても法的文書にならないと言う。そういうわけで僕が署名した文書には「一ドルの金額で私、リチャード・P・ファインマンは、米国政府にこのアイデアを譲渡する」とか何とか書いてあった。

僕はこの書類にサインして、「それでその一ドルはどこだい?」と聞くと、

「そんなものただの形式だよ」とスミスは答えた。「一ドル出すような特別な予算はとってないからね。」

「一ドルとの交換で僕にサインさせるよう決めたのは君じゃないか。僕はその一ド

ルをもらいたいね。」

「ばかばかしい、そんなものどうだっていいじゃないか」とスミスはがんばった。

「よかないよ。法的文書なんだろう？　君が僕に署名させたんだぜ。僕は真正直な男なんだから、一ドルもらったという書類にサインした以上は、一ドルもらわなくては気がすまん。ごまかしはできんよ。」

「わかった、わかったよ！」とスミスは呆れかえって、「いいよ、僕の財布から出すから。」

「オーケー」と僕は一ドルを受けとって、いいことを思いついた。その足で食料品店に出かけていった僕は、一ドル分(そのころは一ドルだって、けっこう値打ちはあったのだ)のクッキーだの例のマシュマロの入ったチョコレートだの、うまそうなものをたくさん買いこんできた。

そして理論研究部に戻ると、みんなに菓子を配って歩いた。

「おい、みんな。僕はほうびをもらったんだぞ。それクッキーをやるよ。ほうびなんだ。僕の特許の一ドルだ。僕の特許が一ドルになったんだぞ！」

ずいぶん大勢の者がすでにさまざまなアイデアを特許係に提出していたから、一ドル交換方式で特許を売った連中は、われもわれもとスミス大尉のところに押しかけていった。

スミスははじめは自腹を切ってみんなに一ドルずつ渡していたが、そのうちこりゃ大出血だ、と気がついたらしい。彼は慌ててこの連中がよこせという金の基金を設立するのにかけずりまわりはじめた。その後結局それがどうおちついたか、僕は知らない。

ただ聞くだけ？

コーネル大学で教えはじめた頃、僕は原爆研究時代ニューメキシコで会った女の子と文通していた。その手紙に彼女が誰かほかの男のことを書いてよこしたとき、僕はこりゃいかん、早く行って事を収拾しなくてはと考え、学年が終わってからあわてて出かけていった。ところが着いてみると、もう手遅れだったのだ。だからその夏は何もすることがなくなって、アルバカーキのモーテルでぶらぶらすることになってしまった。

僕の泊っていたカサグランデ・モーテルは、アルバカーキのどまんなかを通る国道六六号線に面していて、それから三軒ほど下ったところに、ショウなどやるナイトクラブがあった。何しろ僕は何もすることはなし、バーでいろんな人に会ったり、人を観察したりするのが好きだから、よくこのナイトクラブに行ったものだ。

はじめてこのクラブに顔をだしたとき、バーで傍の男と話をしていると、ＴＷＡのスチュワーデスだったか、とにかくテーブルいっぱいに品の良い若い女性たちが陣どって、誰かの誕生パーティか何かをやっているのが見えた。すると僕の話相手の男が、「おい、勇気出してぁの娘たちをダンスに誘ってみないか」と言いだした。

僕たちはそれぞれ女の子をダンスに誘って踊ったが、そのあと向こうのテーブルに招かれて座ることになった。何杯か飲んだあと、「何かご注文はありませんか?」と給仕がやってきたとき、僕は得意の酔っぱらいのまねをすることにした。そこで僕と踊った娘の方を向くと、まったくしらふだったのにろれつのまわらない口調で「何か飲みたいもん、あっかい?」とやった。

「何がいいかしら?」

「君の欲しいもんなら、なぁーんでもかまわんよ。なんでも、なんでもだ。」

「じゃ、シャンペンにしましょう」と彼女は嬉しそうに言った。

僕はバー中に聞こえるような大声で、「ようし。み、みんなに、シャ、シャ、シャンペンをついでやってくれ!」

と、連れの男が僕の女の子に「いくら酔っぱらってるからって、あいつにそんなたくさん金を払わせるなあ、汚ねえよ」と言っているのが聞こえた。僕もひやりとして、これは大変なことになったわいと心配になってきた。

ところが給仕もなかなか親切な奴で、そっと身をかがめると「でも一びん一六ドルもするんですよ」と僕に耳うちしてくれた。

そこで僕はもうシャンペンをみんなにおごるのは止めにしようと思って、前よりももっとでかい声で「ネバー・マインド！（いいよ、そんなもの）」とどなった。

だからしばらくしてさっきの給仕が白いナプキンを腕にかけ、シャンペンのびんとたくさんのグラスを、氷のいっぱい入った器ののった盆にのせてうやうやしく運んできたときには、少なからずびっくりした。考えてみると、給仕は僕が「シャンペンはもういいよ」と言ったのを、「値段なんかどうでもいいよ」という意味にとったのだ！

給仕はみんなにシャンペンをついでまわり、僕は大枚一六ドルを払った。僕の連れはその娘が僕に大金を払わせたというのでプンプン怒っていた。僕はもうそれでキリがついたと思ったのだが、それがのちに新しい冒険の始まりになるとは知らなかった。

僕はそれからもたびたびそのナイトクラブに行ったが、一週ごとにショウも変わっていく。テキサスのアマリロとか、その他聞いたこともないようなところを巡業してあるく芸人たちが次々とまわってくるわけだ。そのほかこのナイトクラブには、タマラという名の専属歌手もいた。このタマラは新しい芸人のグループが来るたびに、その中の女の子を紹介してくれる。そしてその女の子がこっちのテーブルに来て座ると、僕がカクテルをおごってやって二人で話をする。むろんただ話をする以上のことだって期待しているのだが、いつもどたん場になるとどういうわけかだめになる。それがわかっているくせに、なぜタマラがいちいちきれいな女の子を紹介する労をとるのか、僕はさっぱり見当がつかなかった。はじめはなかなかうまくいっているようでも、結局はカクテルをおごってやって一晩中しゃべるだけのことなのだ。タマラに女の子を紹介してもらえない僕の相棒の方も、何もモノにできないでいる。僕らは二人ともおよそ退屈な男だったのだろう。

　何週間かが過ぎ、幾組か芸人が変わり、何人かの女の子に引き合わされた後、また新しいグループがやってきた。タマラは例の通り、その中の女の子を紹介してくれた。そしてまた例のおきまりで、僕が飲み物をおごってやり二人でしゃべる。女の子は愛想よくしている。出番が来るとショウに出てまた戻ってくる。例によって例の如しだ。それでもまわりの客が、「あんなに女の子を寄せつけるところを見ると、何か特別な魅力があるんだな。いったい何だろう？」と目をみはることになるから、僕はたいへん得意だった。

　だがまた例によってその夜も終りになるころ、その娘はもう今まで耳にたこができるほど聞かされた科白を口にした。「ほんとは今夜私のところにいらっしゃいって言いたいところなんだけど、今夜はパーティがあって都合が悪いの。多分明日の晩なら……」この「多分明日の晩」とは何の意味もないことくらい百も承知だ。見ているとそのグロリアという女の子は、ショウの間や手洗所に行ったり来たりするとき、たびたび司会者の男と話をしている。彼女が手洗所に入っていて、その男が僕のテーブルのそばを通ったとき、僕は急に思いついて、「君の奥さんはすてきな人だね」と言ってみた。

「はあ、どうも」とその男は答え、僕たちはぼつぼつ話をはじめた。彼の方では、夫があることをグロリアが打ちあけたものと思いこんでいるし、戻ってきたグロリアはグロリアで、彼が夫だと名乗りをあげたものだと思っている。あれこれしゃべっているうち、バーが看板になってから彼らのところに寄っていかないかと誘ってくれた。

午前二時になって彼らの泊っているモーテルについていってみると、むろんパーティなどありはしない。だがずいぶん話は弾んだ。彼らはアルバムまで出してきて、二人がアイオワではじめて出会ったときの写真を見せてくれたりした。その頃のグロリアは田舎育ちのポチャポチャ肥った女だった。それからだんだんやせてきた写真もあって、今の彼女はなかなかすばらしい！　グロリアの夫は彼女にいろいろなことを教えこんだのだそうだが、驚いたことにその自分は文字も読めないのだ。彼は司会業だから、素人芸大会などで人の名前や芸の名などを読みあげなくてはならない。それなのに僕は一度だって彼が自分で見ているものを読めないらしいと感じたことがなかったのはいささか不思議だった。（次の晩二人のやり方を見ていてわかったのだが、彼女が出場者をステージに案内して行ったり来たりするとき、通りすがりに司会の夫の持っている紙片を見て、次の出場者の名前と、その芸の題をそっと耳打ちするのだ。）

この二人はとても面白くて愛想の良い夫婦で、ずいぶん愉快な話を聞かせてくれた。僕はグロリアに最初に会ったときのことを思いだして、何でタマラはいつも新顔の女の子を僕に紹介するのだろうと、思いきってたずねてみた。

するとグロリアは「タマラがさてあなたを紹介してくれるというときに、「さあ、今からこのあたりで一番金離れのいい人に紹介してあげるわ」って言ったのよ。」

何のことを言っているのか始めはピンとこなかったが、いつかの僕の威勢のいい「ネバー・マインド」が誤解されたばかりにおごらされるはめになった、あの一六ドルもするシャンペンが結構いい投資になっていたことに気がついた。僕は身なりはぱっとしないうえ、ちゃんとした背広も着ていないが、いつでも女の子にどしどし金を使う変人という評判になっていたものらしい。

僕はもう一つあることを思いついて彼らにたずねてみることにした。「僕はそんなに馬鹿ではないつもりなんだがね。ひょっとするとそれは物理だけのことかもしれない。だがあのバーには、石油関係とか金属関係とか大物のビジネスマンとか、たくさん頭の切れる連中がいて女の子にカクテルをおごっているというのに、そのお返しには何ももらっていない。（その頃にはもうバーに来る客はみんな僕と同じに女の子に飲みものをおごるだけで、何も返してもらっていないものとふんでいた。）頭の良いはずの男たちが何でバーでは性こりもなく馬鹿づらさらしていられるんだろう？」

するとグロリアの夫が「こういうことなら僕に任しといてくださいよ。どういうからくりになってるのか、裏も表も皆知り尽してるんですからね。これからはおごった飲み物のお返しがあるように、コツを授けてあげるとしましょう。だがその前にほんとうに僕が自分で言う通りの腕があるかどうか、証拠をごらんに入れたい。ひとつグロリアに誰か男の客をつかまえさせて、あなたにシャンペンカクテルをおごらせてみせましょう。」

僕は「よしきた」とは言ったが、「そんな馬鹿なこと、できるわけがあるものか」と腹の中で思っていた。

「まず僕の言う通りのことをやってくださいよ。明日の晩はグロリアから少し離れたところに座ってください。そしてグロリアが目配せしたら、ただそっちの方へ歩いて行けばそれでよろしい。」

「そうね」とグロリアがあいづちを打った。「ぜんぜん簡単だわ。」

次の晩、僕は遠くからでもグロリアが見えるよう、角の席に陣どった。しばらくすると果せるかな、一人の男がグロリアのかたわらに腰をおろした。彼がだんだんごきげんになってきた頃、グロリアがこっちに片目をつぶってみせた。僕は席を立つと、何気なしにぶらりと歩いていった。そばを通りかかると、グロリアが振り向いてほがらかな声で、「あらディック、今晩は。いつ帰ってらしたの？　それにどこへ行っていらしたのよ？」

と、その男もこのディックがどんな奴か見ようと思って振り向いた。その男の目つきを見た瞬間、僕自身しょっちゅうそういう目にあったことがあるだけに、彼の気持ちが手にとるようにわかった。

まず第一に「ちぇっ。競争相手が現われたか。女にせっかくカクテルをおごってやったのに、あいつにとられちまうぞ！　さあて……」

次に「いや、ただの友だちらしい。だいぶ前からの知り合いだな。」僕は一目でこの男の顔がちゃんと読めてしまった。彼がどんなことを考えているのか、僕にはいやというほどよくわかるのだ。

グロリアはその男に向かって、「ジム、私の古い友だちのディック・ファインマンをご紹介するわ。」

するとこの男は「よし、ひとつふとっ腹なところをみせれば、女も俺のことを憎からず思うだろう」という顔つきになった。

そして「やあディック。何か飲まないか？」ときた。

「けっこうだね」と僕が答えると、

「何を飲むかい？」

「グロリアが飲んでるものでも貰おうか。」

「おいバーテン。シャンペンカクテルもう一杯たのむ。」

なるほどこれは簡単だ。その晩看板になると、僕はまたグロリア夫婦のモーテルに行った。彼らは二人とも例の策略がうまくいったというので大笑いをしていた。「よし。これで君たちがこの道ではベテランだとわかったから、さっそくレッスンを始めてもらおうか」と僕が言うと、彼は、

「さて、まず基本法則はこうです。男は紳士と思われたいのが普通だ。礼儀知らずの野暮な奴と思われたくないし、ことにケチと思われるのが一番こわい。女の子たち

はこれを知りぬいているから、思い通りにあやつれるというわけですよ。」

「だから」と彼は続けた。「どんなことが、あ、っ、て、も、絶対に紳士であってはいけません！　女の子を頭から軽蔑してかかることです。しかも第一のルールは、女の子に決して何も買ってやらないことですな。たばこ一箱だってですよ。女の子にあなたと寝る気があるかを聞いてうんと言わせたうえ、嘘をついていないかどうかちゃんと確めてからでなかったら、絶対に何も買ってもおごってもいけないんです。」

「ええっ、あのう……じゃあ……ただ……女の子に聞くっていうのかい？」

「まあ、これはあなたの初めてのレッスンだから、多分そう藪から棒に聞くのはむずかしいでしょうな。じゃあ例の質問をする前に、何か一つだけ小さなものを買ってやってもいいことにしましょう。だがそんなことをするだけむずかしくなるんですがね。」

僕だって一回基本方針を教えてもらえばわかるというものだ。だから次の日は一日中、自分の心理をいつもとはぜんぜん違った状態におく練習を始めた。バーの女の子なんてものは皆あばずれだ。だから何も買ってやる価値などない。あいつらはただ飲み物をおごらせようということしか念頭にないんだから、お返しに何かしてやろうなんぞとは、これっぽっちだって考えていやしないんだ。そんな下らんあばずれに何も買ってやるもんか……といった態度を身につけようというわけだ。もうこの考えがほとんど自動的に出てくるまで、繰り返し練習した。

いよいよその晩になった。僕はさっそく試してみようとはりきってバーに乗りこんでいくと、僕の相棒がすぐに、「やあディック。僕のみつけた女の子にぜひ会わせたいね。今着替えに行ってるが、すぐ戻ってくるよ。」

「ああ、わかったよ」と僕は全然驚かず、別のテーブルに腰をおろしてショウを見ることにした。ショウの始まったとたんに、その女の子が戻ってきたが、僕は腹の中で「ふん、どんな美人だってこっちの知ったことか。ただ男に飲み物を買わせようということしか考えてやしないんだ。どうせあいつにお返しなどするわけがない」と思っていた。

最初のプログラムがすむと相棒が「おいディック、アンにひきあわせるよ。アン、これが僕の相棒のディック・ファインマンだよ」と彼女に紹介してくれた。

僕は「やあ」と言ったが、またそっぽを向いてショウを見ている。しばらくするとアンが「こっちのテーブルにご一緒なさらない？」ときた。

「フン、典型的なあばずれだ！　彼が飲み物をおごっているというのに、他の男をテーブルに招くんだからな」と僕は思っているから「ここからでもよく見えるよ」と素っ気ない。

またいっときたつと、近くの軍基地から来た中尉が、軍服をスマートに着こなして入ってきた。それからほんのちょっとたったと思ったら、もうアンはバーの向こう側で、この中尉殿と座っているではないか！

さらに時がたってから僕がバーに腰を据えていると、アンがさっきの中尉と踊っている。踊りながら中尉の背がこっち向きになって、アンの顔が僕の方に向くといともにこやかに笑ってみせるのだ。僕はまた「まったくひどい女だ！　あの中尉までだまそうってんだからな」と腹の中で憤慨した。

ここで僕はひょいといいことを思いついた。いくらアンが笑いかけても知らん顔をしておいて、中尉にも僕が見える角度になるのを待って笑い返すのだ。これで中尉はうしろで何が起こっているかが丸見えだから、彼女の駆引きも長続きしなかった。

ものの二、三分もしないうち、彼女は一人になってバーテンダーにコートとバッグを渡してもらっている。そしてわざと大声で「散歩に行こうかしら。誰か一緒に行かないこと？」と言っているのが聞こえた。

そこで僕はまた考えた。「いつまでも知らん顔をして肘鉄をくわすのもいいが、永久にこんなことやっていれば元も子もなくなる。どうしてもいつかは折れなくちゃならんときがあるものだ。」僕はそっけない声で、「じゃあ僕が一緒に行ってやるよ」と言った。

二人で外に出てしばらく歩いたら、向こうにカフェがある。すると彼女は「あら、いいことがあるわ。コーヒーとサンドイッチを買って私のところで食べましょうよ」と言いだした。

これは悪くない。二人でカフェに入っていくと、彼女がコーヒー三つ、サンドイッチ三つ注文して僕が金を払った。

カフェを出ながら僕は、「どうも何かおかしいな。第一サンドイッチが多すぎるぞ！」と気がついた。

すると、果せるかな、モーテルに行く途中、「でもあなたとサンドイッチ食べてる暇ないわね。中尉が来ることになってるの」ときた。

「それ見たことか。みごと落第だ」と僕は思った。「あの司会の男があんなに良く教えてくれたのにこのざまだ。まだ例のことを何も聞いてやしないうちに、一ドル一〇セントもするサンドイッチを買ってやっちゃった。もう絶対あの女からは何ももらえないぞ！　だがせめて僕の先生の面子《めんつ》のために少しでも態勢をたて直さなくては……」

僕は立ちどまって、「君は……ばいたよりひどい奴だ！」と言った。

「何ですって？」

「こんなサンドイッチを買わせやがって、お返しは何だって言うんだ。何もなしじゃないか！」

「何ですって、このケチンボ！」とアンも負けていない。「そんなにお金が惜しいんなら、サンドイッチ代ぐらい返すわよ！」

僕は思いきって、「よし、そんなら返せ！」と一枚上手に出ると、彼女はびっくりして財布から小銭を出して返してよこした。僕は自分のサンドイッチとコーヒーを持って早々にひきあげた。

さてサンドイッチを食い終わってから、僕はまたあの司会者の男に経過報告をしようと思ってバーに戻った。そして一部始終をぶちまけたあげく、「見事落第したのはくやしいが、それでも少しは挽回しようと努力はしたよ」と報告した。

ところが彼はおちつきはらって、「いいんですよ、ディック。大丈夫ですよ。彼女には結局何も買ってやらなかったことになったんだから、今夜はきっと君と寝るはずですよ。」

「何だって？」

「まあ見ていてごらんなさいよ」と彼は自信たっぷりだ。「必ず君と寝ますよ。僕にはちゃんとわかってるんだから。」

「でも彼女はここに居もしないんじゃないか。今頃自分の部屋で中尉と……」

「大丈夫だったら。」

二時になってバーが閉まった。アンはとうとう現われずだ。また君たちのところに行っていいかいとたずねたら、二人ともどうぞどうぞと言う。

三人でバーを出たとたん、向こうからアンがやってくるのが見えた。国道六六号線を横切って僕の方に走ってくる。そして腕を僕の腕にするりと通すと、「さあ私のところに行きましょうよ。」

まさにあの男の言う通りだ！　それにしてもあれは霊験あらたかなレッスンだった！

その秋コーネルに戻った僕は、ダンスパーティでとても感じのいい女性と踊っていた。彼女はコーネルの大学院生の妹で、ちょうどヴァージニアから遊びにきているところだったのだ。踊っているうち突然ある考えがひらめいた。「バーに行って何か飲もうよ」と僕は彼女を誘って歩きはじめた。

バーに行く途中、僕は例の司会者の男のレッスンを、この普通の女性に試す勇気を一所懸命にふるいおこした。客に飲み物を買わせることばかり考えているようなバーの女の子を軽蔑するのはたやすいが、この上品な南部育ちのお嬢さんに、あのレッスンが当てはめられるものか？

バーに入って腰を下ろそうというとき、僕は思いきって、「飲み物をおごる前に聞きたいことがあるんだけどね。今晩僕と寝てくれるかい？」と聞いた。

「ええ。」

驚いたことに、あのレッスンはごく普通の女性にも、ちゃんと通用するのだ！　通用はしたが、その後本気でこの手を使ったことはもちろんない。どうもやっぱり僕の好みには合わないからだ。それにしても世の中では僕が育てられてきた考え方とは全然違った形で、物事が動いていくもんだ。そういうことに気がついたのは、実に面白い経験だった。

（下巻へつづく）

解説
「いえ冗談ではなく遊んでいるだけです、物理で」

橋本幸士

安心して欲しい。物理学者になるためには、ファインマンのようになる必要はない。読者のあなたが本書を手に取る動機がどんなものだったにせよ、とにかくこれだけはお伝えしておきたい。物理学者は皆がこのファインマンのような人ではないし、そして全ての物理学者がファインマンのようにあるべきでもない。

これは大学生の自分へのメッセージでもある。当時の僕は、物理学者になるとはどういうことか、に想像を巡らせていた。もしあの頃に本書を熟読していたら、今頃、物理学者になっていたかどうかは疑わしい。だから、この解説を書かせていただいている。

ここで数ページを借りて、なぜ物理学者の僕がそういう気持ちでこの解説を書いているかを、述べてみようと思う。

まず、僕がファインマンの名を初めて知ったのは、本書を読んだからではない。むしろ、本書を読むのは避けていたように思う。なぜ避けていたかは後述するとして、まずは、僕がファインマンの名を知ることになった、大学時代の話をしてみよう。素粒子論の研究を目指す大学生がファインマンに遭遇するのは、およそ、次の三つの機会なのではないか、と想像する。つまり、僕のファインマンへの出会い方は、典型的な物理学科の学生のそれとおよそ似ているのではないか、と想像している。

大学一回生の頃、「ファインマン物理学シリーズ」という奇妙な教科書の噂を耳にした。大学の書籍部で手に取ってみたところ、およそ物理学の教科書とは考えられないような文章が並んでいた。僕が期待していた物理学の教科書は、まず物理現象や概念の簡単な説明があり、基礎方程式が書かれていて、その背後の数学や解き方の説明があり、最後に設問が多く書かれている形のものである。ファインマン物理学シリーズは、違っていた。文章や説明がやたら多い。説明に登場する実験の説明に多くのページを割く。いよいよ数式が登場しても、その定義があやふやである。そして、ページを捲るごとに定義がどんどんアップデートされ、概念も変容していく。僕は、これを物理の歴史の解説書だとみなして、手に取らなかった。物理学シリーズとして一方で世界的に知られている教科書の一つは『ランダウ・リフシッツ理論物理学教程』であり、僕はこちらを貪るように読んでいた。次々と繰り出される数式とその背後の数学の海を、僕は溺れるように泳ぎ、渡り切ろうとした。

次に大学四回生になり、素粒子論に興味を持ち始めて、量子力学の親玉である「場の量子論」を勉強し始めた。そこで、「ファインマンの経路積分」に出会った。出会った場所は、ファインマンの書いた経路積分の教科書ではなく、九後汰一郎著『ゲージ場の量子論』だった。それまでJ・J・サクライ著『現代の量子力学』でじっくり学んでいた量子力学の、いわゆる「正準量子化」と等価である別手法としての経路積分量子化は、僕にはとても目新しかった。しかしながら、そもそも正準量子化だけでも非常に不思議な手続きであり、それに慣れるのに必死だったところ、新たなファインマンの経路積分という手法を目にしても、正直なところ、邪魔でしかなかった。場の量子論という素粒子論の基礎的言語を学ぶには、新しい量子化の記述法を学ばねばならないという、現実的な「壁」を目の前にして、僕には、経路積分法の物理学的な面白さを堪能するための心理的余裕は残されていなかった。

その次にファインマンに遭遇したのは、『ゲージ場の量子論』を読み進めていた、大学四回生の後半の時期である。「ファインマンダイヤグラム」と呼ばれる、量子論のグラフィカルな計算法が紹介されていた。素粒子がくっついたり離れたりする様子が、場の量子論から導かれた「ファインマンダイヤグラム」で記述される。そしてそのダイヤグラムを元にして、あるルールに則って計算を進めると、素粒子の散乱振幅と呼ばれる、散乱に関する重要な量が計算できると説明されていた。そのルールは、非常に複雑だった。ダイヤグラムが左右対称な時にはどうする、といった複雑怪奇なルールが積み上げられ、とても正しく自分だけで計算を完了できそうに思えなかった。実際、その教科書にも誤植があり、それほど計算が簡単ではないという事実を象徴しているようだった。つまり再び、ファインマンという名は、僕の前には邪魔な壁という存在になってしまった。

学部生時代にファインマンに遭遇したのは、この三つの機会だった。いずれの機会も、ポジティブな出会いではない。僕からは遠い、「教科書の人」であった。

ちなみに告白しておくと、僕が物理学を志したのは、湯川秀樹や朝永振一郎、アインシュタインやハイゼンベルク、といった著名な物理学者に憧れたからではない。学生時代には、物理学者の評伝もほとんど読んだことがなかった。大学に入る前からアインシュタインの名前はテレビで見て知っていたが、憧れなどは全くなかった。誰が発見した、ということよりも、発見された法則がいかに数学的に美しいか、に感銘を受けた。それが、素粒子論に興味を持ったきっかけである。ファインマンのことを特別苦手に感じていたのではなく、特にどの物理学者も、（もう亡くなっているし、お話もできないわけで、）憧れのような興味を持ちようもなかったのである。

一方で、歴史書として僕が傾倒した、二人の物理学者の自伝がある。ハイゼンベルク著『部分と全体』と、朝永振一郎著『滞独日記』だ。これらを、学部生時代の僕は、憧れではなく、慰めとして読んだ。これほど名を残す物理学者が、概念や人生と戦って試行錯誤する苦悩が表現された文章は、大きな慰めになった。

本書『ご冗談でしょう、ファインマンさん』を初めて手に取ったのがいつか、本当に覚えていない。学部生の頃に一度手に取ったはずであるが、記憶にないのは、購入しなかったからだろう。大学の図書館で手に取ったかもしれない。黄色っぽい表紙に、似顔絵が書いてあった。中には、およそ共感できないような話が多く並び、途中で読むのをやめてしまった。それだけを記憶している。

そんな僕には、ここでページ数を割いていただき、読者の皆さんの貴重な時間を費やして、拙文解説を読んでいただく資格は、全くないかもしれない。

しかし、理論物理学者として今までやってきて、五〇歳を超えた今、本書『ご冗談でしょう、ファインマンさん』を熟読すると、大変奇妙なことに、ファインマンの人生と自分の生き方が、いろいろな観点でオーバーラップしていることに気がつき始めた。

もっと早く読んでおけばよかった、とは思わない。今読むからこそ、本書は自分に合った本だと思える。もしくは、五〇歳を過ぎるまで歳をとって、自分がようやく、ファインマンの人生の素晴らしさに共感できるところまで成長した、とも言えるかもしれない。

これを恥ずかしい話だとは思わない。「偉大な物理学者」に憧れて物理学者になることが絶対的な是であるとは思わないからである。いろいろな物理学者の人生がありうるのだ。誰かの模倣ではなく、勝手に一人の物理学者として生きてきたことを満足に思える自分の方が、マシである。だから、本書を手本にして欲しいとは、一ミリも思わない。

しかしたいそう不思議なのは、そう生きてきた自分が、ファインマンと共通点を感じることである。いったいそれは、なぜなのだろうか。以下では、本書に登場するファインマンの様々なエピソードについて、僕がどう感じるかを率直に述べたいと思う。読者の参考にもならない可能性も高いが、ただ、五〇歳を過ぎた理論物理学者がファインマンの生き方をどう感じるか、を(特に若い読者が)知れば、安心するのではないかと思うからである。

「モンスター・マインド」では、ファインマンがアインシュタインら大御所の前で講演をした際に感じた気持ちが、あふればかりに記述されている。「僕の前にはモンスター・マインドとでも言うべき大頭脳がずらりと並んで僕の話しだすのを待っている！」といった具合だ。僕はポスドクで初めてアメリカに渡った時、デビッド・グロス氏やエドワード・ウィッテン氏の前で講演をした時の感情をアリアリと思い出した。モンスター・マインドを前にして、今が人生で最高の瞬間なのかも知れない、と声が掠れたのだった。しかし、一旦講演を始めてしまうと、僕には全く緊張がなくなった。物理の話を始めれば、大御所も大頭脳も関係なくなってしまうのである。自分の物理を楽しく話すことができている、そのありがたさに体が包まれ、物理の論理を説明することに頭がいっぱいで、他のことは気にならなくなってしまうのだ。

ファインマンが全く同じ記述をしているのを読んで、そうか、これはひよっこ物理学者の誰もが初めに経験することなのだな、とニヤリとした。最初の講演ではなく、その後の人生での多くの講演で、ファインマンがいつもそういった緊張を抱えていたかどうかは、僕にはわからない。しかし、僕の場合は、今でも講演前は極度に緊張する。何故だかは分からない。しかし話し始めると、緊張がどこかへ飛んでいってしまう。これも何故だかは分からない。

初めて大頭脳の前で講演した後の、拍子抜けのような様子も、本書には記述されている。緊張し過ぎてパウリの質問を覚えていなかった、など微笑ましい。大頭脳も人間であり、人間としての対話が行なえることこそ、大頭脳を前にした講演の価値があることを、ファインマンは飄々と書いている。こういった感覚は、多くの講演を行なってくると、体感として馴染んでくる。昔も今も、物理学者の意識の交換の状況は、特に変わらないのだ。

物理に傾倒することの重要性がとうとうと説かれているのは「お偉いプロフェッサー」に現れる文章である。物理ができないというスランプに陥ったファインマンは、最終的に「物理で遊ぶ」ことを忘れていたことに気づく。そして、遊びを始めたところ、物理がスルスルと流れ出し、それがノーベル賞の発見につながった、と記されているのだ。加えて、ファインマンの博士論文である「経路積分」も、学生の頃に散々物理で遊んだ結果のものであるということも仄めかしている。

この記述は、多くの学生に安心を与える可能性があると僕は思う。僕も以前に、あるインタビューで「橋本先生にとって研究とは何ですか」と聞かれた際に、「僕にとって研究は趣味です」と堂々と答えた。この回答を、雇用主である大学がきちんとホームページに掲載してくれたことは、僕にとって非常に嬉しいことだった。つまり、僕の本音は、研究とは社会で必要とされている技術を開発することではなく、楽しむことなのだ、と思っていたのだが、それをはっきり言ってしまうと、僕の給料がなくなってしまうかもしれない、と思ったのだ。それをはっきりとそのまま社会に伝えてくれた大学には感謝したい。

つまり、ファインマンにとっても、研究とは趣味なのである。自分が楽しいと思うことに傾倒して、その成果が社会的に認められ、自分で楽しく研究を進められ、そしてお給料もいただき、結果的に長い目で見て社会に貢献もできる。これが、僕にとっての物理学者の理想の姿であり、ファインマンはそれを体現していたのだ。

今の時代、たとえばインパクトファクターの高い学術誌に論文を掲載しないといけない、とか、引用数を稼がないといけない、とか、数年後に「役にたつ」研究をしないといけない、とか、多くのプレッシャーが研究者を襲っている。しかし、ファインマンが経路積分法を発明した時に、そんなことのために研究していただろうか？　答えがノーであることは、物理学者なら誰でも分かることだろう。経路積分というものは、一九二五年にハイゼンベルクが定式化した量子力学の「言い換え」であり、それ自体の価値がどこにあるかは、ファインマン自身も、その著書(ヒッブスと共著の教科書『量子力学と経路積分』)において、疑問を呈しており、非常に注意深い言い方での記述になっている。それほど、経路積分法は当時はその価値を認めにくい可能性もあったのかもしれないと想像する。現在では、経路積分法は量子力学の根本的理解の一つとして、技術的にも理論的にも大きく貢献していることは疑いないが、本人がそれを開発した際に、その重要性を認識していたかどうかは疑わしいのだ。確かに、本書のもう一つの江沢洋氏による解説(下巻を参照)にも記されている通り、経路積分法の重要性の認識は、「モンスター・マインド」にも大変困難であったのだ。

このように「遊び」が本質的な物理学の発展に寄与している事実を、正当化するのは非常に難しい。しかし、ファインマンが自身のスランプからの脱出を「遊び」に求め、結果的に成功した事実と、それがさらにノーベル賞に結びついている事実は、「遊び」に励んでいる物理学者(僕を含めて)や学生を大きく励ますものと考えられるのである。

ところで、社会的には学術における最高の栄誉と考えられるノーベル賞も、ファインマンは「もらわなかった方が気楽だった」と言っている(「ノーベルのもう一つの間違い」を参照)ことも、嬉しいことである。随所に展開される、ノーベル賞授賞式での困惑は彼の本心を物語っていると思う。特にノーベル賞受賞講演で、ノーベル賞を受賞して嬉しかったのは、古い友人から連絡をもらったことだ(それだけだった)と言っているところなど、物理学者として僕は本当に嬉しく感じる。

科学者にとって、ノーベル賞を取ることは研究の目標でも何でもなく、研究それ自体が嬉しいことなのだという事実を、ノーベル賞受賞者の口から言ってもらえるのは、科学と科学者の研究の意図について、正しい理解を社会に伝えるものだと思う。僕はたまたま、ノーベル賞受賞者の益川敏英さんの研究室の出身なのだが、彼も受賞の際に、「特に嬉しくはありません」とはっきり言っていたのが記憶に残っている。僕は心から拍手を送ったものだ。物理学の本質は探究心であり、それを社会に役立てることは後からついてくるものであることを、はっきりと端的にノーベル賞受賞者の口から言っていただくのは、僕のような物理学者にとって、とてもありがたいことである。

ただ、物理学で遊ぶことは、そんなに簡単なことではない。たとえば、自分にとって大変面白い物理学を展開できたとしても、それが他の物理学者にとって面白いと思ってもらえなければ、論文としても査読をクリアできず出版できないし、そうすると世の中に科学の成果として残っていかない。職業として物理学者をやっている以上、遊ぶだけの研究は、気が引けるものである。しかし、本当に苦労して遊び続けると、多くの物理学者が興味を持つ成果となってくる、ということは、おそらく真実であろう。

本書では、素粒子物理学には全く関係ない物理学の要素にファインマンが傾倒していった様子が、多く記述されている。例えば「物理学者の教養講座」でファインマンが未解読古代文字のレクチャーを行なう様子など、傾倒した結果が世に迎えられる様子が記されており、大変心強い。好奇心は何も、職業である物理学者としての対象に限ったものではない。絵画や太鼓に傾倒するファインマンが、自分が著名な物理学者であることを隠してどこまでその業界で認められるかを試し、結果としてどこまでいけたかを自慢げに語るのは、大変頼もしい。

僕はそこまで勇気がない。というのも、僕も芸術をやったり小説を書いたりするのだが、あくまでそれは、そういった媒体を通じて物理学への僕の興味にとても大きなフィードバックがあることを知っているからであって、芸術活動に関する僕の個人的な動機は物理学そのものにあるからである。ファインマンは若干違うようだ。彼はそれが物理学と関係しようとなかろうと、自身の興味を掘り下げるためだけに芸術を行なっているようである。興味の幅が広いからかもしれない。僕はそれを羨ましいとも何とも思わないが、ファインマンの探究心の特徴が大きく表れているようで、興味を持って本書で体験した。

ファインマンが二〇二〇年代の近年よく引用される理由として、量子コンピュータの重要性を初めて指摘した人物である、ということがある。僕が想像するに、ファインマン自身は、将来そういった時代が到来することを予期していたからそういった論文を書いたわけではないだろう。本書から分かることは、ファインマンが量子計算の論文を執筆した理由が、「遊び」の一環だったに違いないということである。彼の思索遊びの一つが、たまたま量子コンピュータのことだっただけである。

興味深いことに、日本好きなファインマンが日本を訪ねた際の文章(「ディラック方程式を解いていただきたいのですが」に見られる)には、日本人の物理学者と議論をしても全く意味をなさなかったことが詳細に記されている。遊びとしての物理学を突き進めなかった日本の物理学者は、表面的な物理学の理解にしか到達していなかった、とでも言いたいかのような文章である。湯川さんと風呂場で遭遇するエピソードはさておき、物理学への態度の違いは、結果として開拓される物理学の違いに反映されているような気がしてならない。日本の物理学者は、数理体系の定式化に重きを置く傾向がある。湯川さんの研究室に身を置く僕としては、日本の物理学の傾向について、いろいろな経験をしてきた。体系化は「遊び」だけでは到達し得ないのだが、物理学者コミュニティに役立つような体系化は、物理学の発展にはどうしても必要である。ファインマンのような物理学者が、日本での物理学の議論が不可能であったと述べるのには無理がない面もある、と思う。

ファインマンも認めるところだと思うが、物理学の進展には、多様性が必要である。「遊び」が本質だと言っても、遊び方というのは個人によってまちまちであり、それらを許容した先に、多様な遊びの結果としての物理学の発展が待っている。ファインマンが生きていれば、ぜひ、そんなことを話してみたい。もちろん彼は、僕との会話への興味をすぐに失って、太鼓を叩き始めるかもしれない。そんな時には、僕も勝手に自分の物理に戻るまでである。

こういった自由さが、物理学にはある。本書は、その自由さと、物理学への誠実な愛、それらを肌で感じさせてくれる。

ちなみに、今の僕は、ファインマンの経路積分法の本当の素晴らしさを、毎日の研究という「遊び」で体感し、ファインマンの凄さを毎日再認識しているところである。

（はしもとこうじ　理論物理学者）

本書は一九八六年、岩波書店より刊行された。

ご冗談でしょう，ファインマンさん（上）

R. P. ファインマン

2000 年 1 月 14 日　第 1 刷発行
2024 年 4 月 26 日　第 41 刷発行
2025 年 1 月 15 日　改版第 1 刷発行

訳　者　大貫《おおぬき》昌《まさ》子《こ》

発行者　坂本政謙

発行所　株式会社 岩波書店
〒101-8002 東京都千代田区一ツ橋 2-5-5

案内 03-5210-4000　営業部 03-5210-4111
https://www.iwanami.co.jp/

印刷・精興社　製本・中永製本

ISBN 978-4-00-603901-1　Printed in Japan

岩波現代文庫創刊二〇年に際して

二一世紀が始まってからすでに二〇年が経とうとしています。この間のグローバル化の急激な進行は世界のあり方を大きく変えました。世界規模で経済や情報の結びつきが強まるとともに、国境を越えた人の移動は日常の光景となり、今やどこに住んでいても、私たちの暮らしは世界中の様々な出来事と無関係ではいられません。しかし、グローバル化の中で否応なくもたらされる「他者」との出会いや交流は、新たな文化や価値観だけではなく、摩擦や衝突、そしてしばしば憎悪までをも生み出しています。グローバル化にともなう副作用は、その恩恵を遥かにこえていると言わざるを得ません。

今私たちに求められているのは、国内、国外にかかわらず、異なる歴史や経験、文化を持つ「他者」と向き合い、よりよい関係を結び直してゆくための想像力、構想力ではないでしょうか。

新世紀の到来を目前にした二〇〇〇年一月に創刊された岩波現代文庫は、この二〇年を通して、哲学や歴史、経済、自然科学から、小説やエッセイ、ルポルタージュにいたるまで幅広いジャンルの書目を刊行してきました。一〇〇〇点を超える書目には、人類が直面してきた様々な課題と、試行錯誤の営みが刻まれています。読書を通した過去の「他者」との出会いから得られる知識や経験は、私たちがよりよい社会を作り上げてゆくために大きな示唆を与えてくれるはずです。

一冊の本が世界を変える大きな力を持つことを信じ、岩波現代文庫はこれからもさらなるラインナップの充実をめざしてゆきます。

（二〇二〇年一月）

S312
増補 隔離
―故郷を追われたハンセン病者たち―
徳永進

らい予防法が廃止され、国の法的責任が明らかになった後も、ハンセン病隔離政策が終わり解決したわけではなかった。回復者たちの現在の声をも伝える増補版。〈解説〉宮坂道夫

S313
沖縄の歩み
国場幸太郎
新川明
鹿野政直 編

米軍占領下の沖縄で抵抗運動に献身した著者が、復帰直後に若い世代に向けてやさしく説き明かした沖縄通史。幻の名著がいま蘇る。〈解説〉新川明・鹿野政直

S314
ぼくたちはこうして学者になった
―脳・チンパンジー・人間―
松本元
松沢哲郎

「人間とは何か」を知ろうと、それぞれ新たな学問を切り拓いてきた二人は、どのような生い立ちや出会いを経て、何を学んだのか。

S315
ニクソンのアメリカ
―アメリカ第一主義の起源―
松尾文夫

白人中産層に徹底的に迎合する内政と、中国との和解を果たした外交。ニクソンのしたたかな論理に迫った名著を再編集した決定版。〈解説〉西山隆行

S316
負ける建築
隈研吾

コンクリートから木造へ。「勝つ建築」から「負ける建築」へ。新国立競技場の設計に携わった著者の、独自の建築哲学が窺える論集。

S317
全盲の弁護士　竹下義樹
小林照幸
視覚障害をものともせず、九度の挑戦を経て弁護士の夢をつかんだ男、竹下義樹。読む人の心を揺さぶる傑作ノンフィクション！

S318
一粒の柿の種
―科学と文化を語る―
渡辺政隆
身の回りを科学の目で見れば…。その何と楽しいことか！　文学や漫画を科学の目で楽しむコツを披露。科学教育や疑似科学にも一言。〈解説〉最相葉月

S319
聞き書　緒方貞子回顧録
野林健
納家政嗣編
「人の命を助けること」、これに尽きます――。国連難民高等弁務官をつとめ、「人間の安全保障」を提起した緒方貞子。人生とともに、世界と日本を語る。〈解説〉中満泉

S320
「無罪」を見抜く
―裁判官・木谷明の生き方―
木谷明
山田隆司
嘉多山宗聞き手・編
有罪率が高い日本の刑事裁判において、在職中いくつもの無罪判決を出し、その全てが確定した裁判官は、いかにして無罪を見抜いたのか。〈解説〉門野博

S321
聖路加病院　生と死の現場
早瀬圭一
医療と看護の原点を描いた『聖路加病院で働くということ』に、緩和ケア病棟での出会いと別れの新章を増補。〈解説〉山根基世

2025.1

S322
菌世界紀行
―誰も知らないきのこを追って―
星野保

大の男が這いつくばって、世界中の寒冷地にきのこを探す。雪の下でしたたかに生きる菌たちの生態とともに綴る、とっておきの〈菌道中〉。〈解説〉渡邊十絲子

S323-324
キッシンジャー回想録 中国(上・下)
ヘンリー・A・キッシンジャー
塚越敏彦ほか訳

世界中に衝撃を与えた米中和解の立役者であるキッシンジャー。国際政治の現実と中国の論理を誰よりも知り尽くした彼が綴った、決定的「中国論」。〈解説〉松尾文夫

S325
井上ひさしの憲法指南
井上ひさし

「日本国憲法は最高の傑作」と語る井上ひさし。憲法の基本を分かりやすく説いたエッセイ、講演録を収めました。〈解説〉小森陽一

S326
増補版 日本レスリングの物語
柳澤健

草創期から現在まで、無数のドラマを描ききる日本レスリングの「正史」にしてエンターテインメント。〈解説〉夢枕獏

S327
抵抗の新聞人 桐生悠々
井出孫六

日米開戦前夜まで、反戦と不正追及の姿勢を貫きジャーナリズム史上に屹立する桐生悠々。その烈々たる生涯。巻末には五男による〈親子関係〉の回想文を収録。〈解説〉青木理

2025.1

岩波現代文庫［社会］

S328
人は愛するに足り、真心は信ずるに足る
—アフガンとの約束—
中村哲
澤地久枝（聞き手）

戦乱と劣悪な自然環境に苦しむアフガンで、人々の命を救うべく身命を賭して活動を続けた故・中村哲医師が熱い思いを語った貴重な記録。

S329
負け組のメディア史
—天下無敵　野依秀市伝—
佐藤卓己

明治末期から戦後にかけて「言論界の暴れん坊」の異名をとった男、野依秀市。忘れられた桁外れの鬼才に着目したメディア史を描く。〈解説〉平山昇

S330
ヨーロッパ・コーリング・リターンズ
—社会・政治時評クロニクル2014-2021—
ブレイディみかこ

人か資本か。優先順位を間違えた政治は希望を奪い貧困と分断を拡大させる。地べたから英国を読み解き日本を照らす、最新時評集。

S331
増補版　悪役レスラーは笑う
—「卑劣なジャップ」グレート東郷—
森達也

第二次大戦後の米国プロレス界で「卑劣な日本人」を演じ、巨万の富を築いた伝説の悪役レスラーがいた。謎に満ちた男の素顔に迫る。

S332
戦争と罪責
野田正彰

旧兵士たちの内面を精神病理学者が丹念に聞き取る。罪の意識を抑圧する文化において豊かな感情を取り戻す道を探る。

2025.1

S333
孤塁
―双葉郡消防士たちの3・11―
吉田千亜

原発が暴走するなか、住民救助や避難誘導、原発構内での活動にもあたった双葉消防本部の消防士たち。その苦闘を初めてすくいあげた迫力作。新たに「『孤塁』その後」を加筆。

S334
ウクライナ 通貨誕生
―独立の命運を賭けた闘い―
西谷公明

自国通貨創造の現場に身を置いた日本人エコノミストによるゼロからの国づくりの記録。二〇一四年、二〇二二年の追記を収録。〈解説〉佐藤優

S335
「科学にすがるな!」
―宇宙と死をめぐる特別授業―
佐藤文隆
艸場よしみ

「死とは何かの答えを宇宙に求めるな」と科学論に基づいて答える科学者vs.死の意味を問い続ける女性。3・11をはさんだ激闘の記録。〈解説〉サンキュータツオ

S336
増補 空疎な小皇帝
「石原慎太郎」という問題
斎藤貴男

差別的な言動でポピュリズムや排外主義を煽りながら、東京都知事として君臨した石原慎太郎。現代に引き継がれる「負の遺産」を、いま改めて問う。新取材を加え大幅に増補。

S337
鳥肉以上、鳥学未満。
―Human Chicken Interface―
川上和人

ボンジリってお尻じゃないの？ 鳥の首はろくろ首!? トリビアもネタも満載。キッチンから始まる、とびっきりのサイエンス。〈解説〉枝元なほみ

S338-339
あしなが運動と玉井義臣(上・下)
―歴史社会学からの考察―
副田義也

日本有数のボランティア運動の軌跡を描き出し、そのリーダー、玉井義臣の活動の意義を歴史社会学的に考察。〈解説〉苅谷剛彦

S340
大地の動きをさぐる
杉村新

地球の大きな営みに迫ろうとする思考の道筋と、仲間とのつながりがからみあい、研究は深まり広がっていく。プレートテクトニクス成立前夜の金字塔的名著。〈解説〉斎藤靖二

S341
歌うカタツムリ
―進化とらせんの物語―
千葉聡

実はカタツムリは、進化研究の華だった。行きつ戻りつしながら前進する研究の営みと、カタツムリの進化を重ねた壮大な歴史絵巻。〈解説〉河田雅圭

S342
戦慄の記録 インパール
NHKスペシャル取材班

三万人もの死者を出した作戦は、どのように立案・遂行されたのか。牟田口司令官の肉声や兵士の証言から全貌に迫る。〈解説〉大木毅

S343
大災害の時代
―三大震災から考える―
五百旗頭真

阪神・淡路大震災、東日本大震災、熊本地震に被災者として関わり、東日本大震災の復興構想会議議長を務めた政治学者による報告書。〈緒言〉山崎正和

岩波現代文庫［社会］

S344-345
ショック・ドクトリン（上・下）
—惨事便乗型資本主義の正体を暴く—
ナオミ・クライン
幾島幸子
村上由見子 訳

戦争、自然災害、政変などの惨事につけこみ多くの国で断行された過激な経済改革の正体を鋭い筆致で暴き出す。〈解説〉中山智香子

S346
増補 教育再生の条件
経済学的考察
神野直彦

日本の教育の危機は、学校の危機だけではなく、社会全体の危機でもある。工業社会から知識社会への転換点にある今、真に必要な教育改革を実現する道を示す。〈解説〉佐藤 学

S347
秘密解除 ロッキード事件
—田中角栄はなぜアメリカに嫌われたのか—
奥山俊宏

田中角栄逮捕の真相は？ 中曽根康弘と米政府との知られざる秘密とは？ 秘密指定解除が進む当時の米国公文書を解読し、戦後最大の疑獄事件の謎に挑む。〈解説〉真山 仁

S348
「方言コスプレ」の時代
—ニセ関西弁から龍馬語まで—
田中ゆかり

「方言」と「共通語」の関係はどう変わって来たのか。意識調査と、テレビドラマやマンガの分析から、その過程を解き明かす。大森洋平氏、吉川邦夫氏との解説鼎談を収録。

S349
サンタクロースを探し求めて
暉峻淑子

なぜサンタクロースは世界中で愛されるのか。絵本『サンタクロースってほんとにいるの？』の著者が、サンタクロース伝説の謎と真実に迫る。〈解説〉平田オリザ

2025.1

岩波現代文庫[社会]

S350
ジャーニー・オブ・ホープ　坂上　香
―被害者遺族と死刑囚家族の回復への旅―

殺人事件によって愛する家族を失った／失うかもしれない人びとが語り合う二週間の旅。この旅に同行し、取材した渾身のルポルタージュ。四半世紀後の現状も巻末に加筆。

S351
時を刻む湖　中川　毅
―7万枚の地層に挑んだ科学者たち―

国境を越えた友情、挫折と栄光…。水月湖が過去5万年の時を測る世界の「標準時計」となるまでを当事者が熱く語る。
〈解説〉大河内直彦

S5-6
ご冗談でしょう、ファインマンさん(上・下)　R.P.ファインマン　大貫昌子訳

どんなことも本気で愉しむ。稀代のノーベル賞学者がユーモアたっぷりに語る痛快自叙伝。ベスト／ロングセラーの改版。
〈解説〉橋本幸士・江沢　洋

2025.1